U0312207

CHENGXIANG GUIHUA LINGYU GONGZHONG CANYU JIZHI YANJIU

城乡规划领域
公众参与机制研究

裴 娜 ◎ 著

中国检察出版社

图书在版编目（CIP）数据

城乡规划领域公众参与机制研究/裴娜著. —北京：中国
检察出版社，2013.8
ISBN 978 - 7 - 5102 - 0975 - 8

Ⅰ.①城… Ⅱ.①裴… Ⅲ.①城乡规划 - 研究 - 中国
Ⅳ.①TU984.2

中国版本图书馆 CIP 数据核字（2013）第 192060 号

城乡规划领域公众参与机制研究

裴 娜 著

出版发行：中国检察出版社
社　　址：北京市石景山区香山南路 111 号（100144）
网　　址：中国检察出版社（www. zgjccbs. com）
电　　话：(010)68658769(编辑)　68650015(发行)　68636518(门市)
经　　销：新华书店
印　　刷：三河市西华印务有限公司
开　　本：A5
印　　张：9 印张
字　　数：217 千字
版　　次：2013 年 8 月第一版　2013 年 8 月第一次印刷
书　　号：ISBN 978 - 7 - 5102 - 0975 - 8
定　　价：25.00 元

内容简介

处于社会发展转型期的中国，市场经济和民主政治的发展增强了公众的自主意识，激发了公众的政治参与热情，在行政领域这一现象体现的尤为明显。在行政活动过程中，通过允许、鼓励私权利一方参与行政运行，提升行政活动的公开性、公正性，促使政府与社会大众的意愿协调和良性互动，这已经成为现代行政的发展趋势和正当性标准之一。

尤其是在城乡规划，这样一种专业性、技术性、未来导向性与政治政策性并重的行政领域，公众参与不仅仅是一种理念或期盼，更应该是一种体系构建和制度创新。城乡规划的长期性、专家模式、未来预设功能，更加呼唤高程度的公众参与，它对社会、城市发展之影响是具有普遍意义的，绝不限于个体、个案。

因此，本书从行政法视野考察城乡规划领域之公众参与机制，包括公众参与城乡规划的价值、规则、有效性等问题，希望摆脱传统规划学界单纯从技术角度讨论的窠臼。

本书第一章探讨公众参与城乡规划之必要性，指出传统"传送带"行政模式已不能适用立法概括授权、司法审查不能的行政现状。公众参与程序规则适应现代行政发展的需要，是解决固有顽疾的一剂良方，尤其是在城乡规划等新兴行政领域具有独特的价值。城乡规划的技术性、未来导向性、广泛裁量性以及政治政策性，都更加需要公众参与进行一般意义上的规制。同时本章回应了城乡规划领域公众参与的负面评价，指出公共利益标准的模

1

糊化，可以通过比例原则和程序规则进行解决，行政效率性的追求也不能超越民主目标，这些都不能成为否定公众参与城乡规划的理由。

本书第二章从《城乡规划法》、《行政许可法》、《环境影响评价法》等相关法的范畴，对公众参与规划进行规范层面分析，力求探寻立法角度公众参与城乡规划的表现方式、制定内容、完善机制。首先梳理了城乡规划法律法规体系以及城乡规划专业体系构成；其次转换角度，从规划编制、规划确定、规划实施、规划修改等不同阶段解读并分析已有法律规则；最后重点探究了现行规范需完善之处，指出尽管整体上公众参与呈扩大化趋势，但是仍然存在规划确定阶段的公众参与缺失、信息公开表述不甚清晰等问题。

本书第三章对城乡规划中公众参与进行域外考察，分别选取了美国和德国进行制度层面的介绍。首先，具体探究基于各国特色而创设实施的个性规则。如美国参与主体的多层次性，德国参与阶段的两分法；美国重视参与理论和原则性规定，而德国则表现为一种严格、细致、羁束性的参与程序规范。进一步分析指出尽管存在制度上的细微差别，但是公众参与城乡规划的基本原则和原理是一致的。如公众参与的方式多元化、公众参与法律保障完善、配套规范的创设和运行制度化等。这些都将对本书接下来探析中国城乡规划领域公众参与制度提供借鉴范本。

本书第四章分析我国城乡规划领域公众参与的运行状态，分别从参与阶段、参与内容、参与主体、参与方式以及参与效力的角度进行公众参与规划的情况分析，指出参与阶段应当适当增加部分缺失的参与事项，以参与方式的多元化去适应不同规划阶段和规划特点。另外，本章还从制度规范层面以及环境、意识等其他层面阐释了实然状况下，公众参与城乡规划所表现出来的问题，如详细性规划的间断性缺失、控制性详细规划和修建性详细规划之修改采用不同前提等。

本书第五章是文章的核心部分，针对运行状态中呈现出来的问题，引申出公众参与城乡规划之有效性考量。首先分析一般标准，指出以应然状态之程序性标准界定；其次分析提升公众参与城乡规划有效性的一般途径，在参与主体、参与方式和参与程度上进行一些有益探索；最后对公众参与有效性提升之特殊手段进行了考量，包括人大参与以及公众参与权之司法救济的相关问题，由于事后救济程序的完善对于保障事前参与活动效力具有突出的功能，而救济程序中最为有效且终局性的是司法救济。因此，对司法救济的内容进行较为详细的探究，分别从主体法律缺失、城乡规划行为法律性质、受案范围内容研究、原告资格确定、审查内容、审查标准六个方面进行分析。以期能够转换思考角度，从事后、间接的角度对参与效力提高做一探讨。

序 一

杨小军 *

作者关注城乡规划中的公众参与这个主题已经很长时间了，对这个主题的研究也颇费精力，现在这个研究成果即将出版，很值得欣慰和骄傲。

多年来，城乡规划一直被视为是由政治精英和技术精英们考虑和决断的事情，与公众没有多大的关系。唯一值得不断改进的，似乎只是如何提升精英们的水平和能力，使之更加精进，更加精英化。但随着公民主体意识的觉醒，随着民主政治的发展，随着需求多样化和利益多元化的出现，更加呼唤高程度的公众参与，它对社会、城市发展的影响力越来越具有普遍意义了。正是在这个背景下和发展过程中，作者以其敏锐的学术研究触角抓住了这个主题，并对城乡规划中的公众参与机制进行了较为系统和深刻的研究，成果实属难得。

对城乡规划公众参与机制的研究，有政治学的，也有行政管理学的，但从法律学角度对这个主题进行系统研究的成果很少。在该研究成果中，作者提出了一系列的法学分析研究方法和观点，尤其是法律规则和法律程序研究方面，更显内容丰富和特色鲜明，是法学研究在该领域的一个集大成成果。

---

* 国家行政学院法学教研部副主任、教授、博士生导师，中国法学会行政法学研究会副会长。

　　基于公共利益的考量，城乡规划需要引入公众参与机制，但公共利益的模糊化使得这个问题实际上也被模糊化了。本研究成果针对公共利益标准的模糊化，从法律研究角度提出了通过比例原则和程序规则解决的方案。我认为这是有新意的解决方案。这个观点的基础被归纳为，城乡规划所调整的利益范围并不仅仅限于财产权范畴。城市是市民共同生活的空间，规划是对这个共同空间的调整。从这个角度考察城乡规划之公众参与，会发现公众所要表达的不只是自身财产权保障的部分，还有如何进行规划可以更好地使城市空间有利于公众的生存与发展。这是区别于一般财产利益的另一种利益，是"发展权"或者"空间财产权"。

　　该研究成果探究了现行法律规则的不足与需完善之处，指出尽管整体趋势体现出公众参与的扩大化，但是仍然存在规划立项、确定阶段的公众参与缺失，信息公开表述不甚清晰等问题。作者在这里不是泛泛而论的指点，而是有针对性地深入分析。例如，对于规划主管部门编制规划草案前的调查结果，公众是无法知晓和参加的，这部分不公开将会直接影响后续公众参与的有效性。公众参与不能提出设立新规划，即规划启动权丧失，直接表明我国公众参与仍然处于较低层次，公众只是在规划机关允许参与时参与，规划机关提供参与模板（规划草案）后，公众只能被动参与，没有选择权，等等。

　　该研究成果对城乡规划的参与阶段、参与内容、参与主体、参与方式以及参与效力等进行了较为详细的说明和分析，指出参与阶段应当适当增加部分缺失的参与事项，参与主体的选择及参与主体的重合交叉问题，参与方式的多元化去适应不同规划阶段和规划特点，以及参与效力的表现状况和特点等。

　　该研究成果指出，判断城乡规划领域公众参与有效性的标准主要是应然状态之程序性标准。并提出了提升城乡规划领域公众参与有效性的一般途径。对城乡规划领域公众参与有效性提升的特殊手段进行了基本考量，包括人大参与城乡规划以及公众参与权之司法救济的相关问题，尤其是司法救济的内容，分别从主体法律缺失、城乡规划行为法律性质、受案范围内容研究、原告资格确定、审查内容、审查标准六个方面进行了分析。

关于城乡规划的权利义务属性，该研究成果认为，总体规划是对城市发展目标、空间布局、建设的综合部署等问题所作的规划，具有普适性，其对规划相对人权利义务产生实质影响。从法律上分析，总体规划与详细规划只是在内容上、范围上有所区别，但是从广义上来说，都会对规划相对人权利义务产生实际影响，而且总体规划之影响力更大，因为详细性规划实际是以其为依据针对特定地块的具体规划实施。我认为，这个观点实际上是对传统司法权利义务实际影响观点的一个突破和延伸。它把规划对象的普遍性、对象的不特定性，与规划结果对特定人权利义务实际影响性结合了起来，使得这个问题的法律基础豁然开朗起来，性质明了起来，结论当然确定而灿烂起来了。

研读书稿，觉得作者对这个问题的探究颇具学术水平。有原则，有规则，有理论，有观点，更有创新和突破。不仅如此，这个研究并没有仅仅停留在学术理论的范围内进行研究，还进而深入了规范和对策完善的领域，提出了不少值得借鉴的对策建议。记得，曾听人说过，有些研究有"水平"但无"学术"，另有些研究，有"学术"但无"水平"。如果按照这个逻辑来评价作者的这个研究成果，我想说，当属于既有"学术"又有"水平"的研究成果了，所谓"虚"与"实"结合，相得益彰。

借此出版机会，拜读该研究成果，我也受益匪浅。

谈点认识和感受，是为序。

2013 年仲夏于北京

序　二

刘　莘*

作者裴娜是一位年轻的高校教师。因为好强而立之后来读博士，本书正是在她的博士论文基础上经多次修改完成的。

城乡规划与作者教学的学校专业有关，选择这样的题目无疑使其所学与学校专业有所衔接，用心良苦。而且这也是个很有实践价值的题目。因为城乡规划是各种规划中与老百姓关系最为密切的规划，与城市面貌关系最大，我们的城市正在失去自身的特点，变得越来越相似，城市的布局、密度、强度在合理性上也存在问题，大规模城市化建设之后，重新审视、检讨城乡规划之弊是迫切的、亟需的。

公众参与是 20 世纪 80 年代以来世界范围的一个潮流。不论是新公共管理理论，还是已经成为欧洲共识的辅助性原则，都强调政府管理的疆界，强调社会自治的力量，强调公私合作的必要性。不同国度的人们突然发现，过去的国家治理是一种单一模式，即设立专门的政府行政机关维持社会秩序、调节经济、监管市场、服务社会。而最佳模式应该是公私合作，无论完成何种治理任务，都不仅仅是国家政府的事，而是全社会的事。而公私合作的途径，在许多情形下，以公众参与的形式居多。本书作者就从城乡规划

---

*　中国政法大学教授、博士生导师，《行政法学研究》主编，中国法学会行政法学研究会副会长。

的公众参与入手，试图解决城乡规划的正当性和合理性问题。

城乡规划不应当是规划行政部门关起门来作决定的事，而应当是大众的事，大众应当知情、应当参与。如果城乡规划只是闭门造车的产物，不能得到普通社会大众的认同和支持，这种城乡规划就缺乏正当性，尤其是在我们朝法治道路上前行的时候，法律要求公众参与，缺乏这种参与实际上就缺乏了合法性。而就合理性言之，城乡规划确实需要专业理性的支持，技术性是其合理性的基础。但即使如此，公众参与对城乡规划的合理性也是至关重要的。记得十年前去瑞典的斯德哥尔摩，该城港口附近风景优美，古老建筑物群立，据当地人说，20 世纪 50 年代政府曾动议拆掉这些旧建筑物，盖更高、更新的建筑物，遭到公众的普遍强烈反对，导致斯市议会否决了这一动议。这些古老建筑物得以保留下来，标示着城市历史和文明的传承，也由此成为斯德哥尔摩的骄傲。几年前发生在定海的公众反对拆除宋代建筑物、南京公众反对为了修路砍倒古树的事例，都说明老百姓有觉悟、有能力鉴别城乡规划的合理性。因而城乡规划的公众参与是必要的。作者从理论角度详细论述了这种必要性。

同时，必须强调的是，公众参与并不是群众运动，而是法治框架内的有序参与。作者将参与的有效性作为衡量尺度，对公众参与的机制作出了详细的叙述，细致地分析了制度的不足，并对借鉴先进国家的经验提出了完善的建议。"制度"从研究而言是静态的观察，而机制是侧重于制度运转过程中的各方关系的连接。可见，研究机制的有用性更强。

作者在本书写作过程中，产下一子，能想见初为人母的作者写作之艰辛，意志力之坚强。但其著述行云流水，没有思绪被打断的痕迹，一如其为人风格——举重若轻。也许成为母亲的欣慰使她内心更加平静、更加顽强？读者可自品。

酷暑中作者毕业获得学位，也许秋天吧，她同时孕育的另一个孩子就问世了。

是为序。

2013 年一伏于北京

目　录

1

绪　论

一、选题意义及研究价值

十八大报告中提出，加强社会建设，必须加快推进社会体制改革。"要围绕构建中国特色社会主义社会管理体系，加快形成党委领导、政府负责、社会协同、公众参与、法治保障的社会管理体制，加快形成政府主导、覆盖城乡、可持续的基本公共服务体系。"① 可见公众参与已经成为社会管理体制中的一个重要环节，在公共行政过程中引进公众参与模式已经成为共识。公众参与成为行政公共活动的关键词。公众参与的概念界定、机制、程序、种类、方式、救济途径等相关内容已从进入行政法学者视野逐步发展到如今成为行政法领域的研究重点。

城乡规划是对一定时期内城市的经济和社会发展、土地利用、空间布局以及各项建设所作的综合部署、具体安排和所实施的管理。② 它长期以来都是规划学界研究的重要内容，进入行政法学者的视野较晚，但作为行政规划领域的一个重要组成部分，城乡规划随着我国城市化进程的逐步深入，已经越来越受到行政法学界

---

① 胡锦涛在中国共产党第十八次全国代表大会上的报告：《坚定不移沿着中国特色社会主义道路前进 为全面建成小康社会而奋斗》，人民出版社2012年版，第8页。

② 《城市规划基本术语标准》（GB/T 50280—98）第3.0.2条。

的关注。

两者的结合应该说是进行双向交叉研究的一个很好的切入点，如何在城乡规划领域创建和完善公众参与规则？这种规则相比其他行政传统领域有何特色？这种规则的创建如何平衡城乡规划的技术性与法律性双重特性？这些都是值得深入研究和亟待回答的问题！应该承认，在我国过去的城乡规划行政功能上，规划或计划所强调的政治性、权力性意义过强，公众参与行政规划的机会和权利的差异一定程度上受到忽视，而在民主政治的潮流下，公众的程序参与权利日渐受到重视！

2008 年 1 月 1 日施行的《城乡规划法》，在城乡规划领域第一次全面设置了公众参与规则。① 实质性地对城乡规划领域中的公众参与条款进行了立法，在规划制定、实施和修改过程中公众可以通过一系列具体程序发表观点和主张，同时提出了人大对城乡规划监督审议的要求。《城乡规划法》强调城乡规划运行全过程的公众参与，尤其是通过公众参与程序对规划行政公权力的监督与制约。应该承认，《城乡规划法》对公众参与条款的规定的确是一大进步，至少明确了公众参与的时间阶段、基本程序和方式，但是同时也应该注意的是，由于各种城乡规划种类繁多，具体规划层级在实际内容上划分不甚清晰，导致不同层级规划在公众参与时实践操作标准模糊，无明确的具体规则可循；再者，当公众参与权受限或发生争议时，现行法律缺乏对公众参与保障权救济的相关规定，这也在一定程度上使城乡规划公众参与条款的形式意义大于实质意义，导致公众参与的积极性受挫。而公众参与城乡规

---

① 《中华人民共和国城乡规划法》由中华人民共和国第十届全国人民代表大会常务委员会第三十次会议于 2007 年 10 月 28 日通过，自 2008 年 1 月 1 日起正式实施。

划的精神与价值，自然也无法藉由其制度的设计与表现的成果而发挥作用。

应当指出的是，公众参与城乡规划行政运行的理念已经基本确立。在英美等国的城乡规划法制中，经历长期的发展与演变，已将公众参与城乡规划视为一种基本权利而非象征性机会，对于行政机关规划与审查的行为也已建立监督制衡的机制，如规划程序的公开、信息的告知、听证会或质询会的举办、督察员制度的建立、说明理由的义务等皆已被纳入法定的规范，使公众在参与权利的落实上，从规划拟定、审议、核定到上诉阶段，均有适当的渠道可供救济，其制度、法规及运作方式已建构完善，值得参考。

公众参与程序是一种具有功能化意义的合法化程序。一方面，公众参与有助于提升城乡规划的科学性和可接受性，扩大城乡规划的民意基础，增强城乡规划的双向信息交换程度；另一方面，公众参与可以化解城乡规划所面临的合法性危机，摆脱城乡规划"技术至上"的尴尬境地，防止出现专家"管制俘获"的不良局面，在一定程度上能够为城乡规划提供合法性基础。同时，当公众参与规划行政活动以法律规范模式确立后，规划行政机关为了确保规划合法性，必须严格按照明示法律的要求运行参与程序，使规划至少符合规范层面的最低要求；并且，为达到行政成本最小化、利益最大化的现实考虑，城乡规划行政机关常常会开展更多的超出法律规定范围的公众参与活动，实现"尽早和可持续的参与"①，以期促进城乡规划的合理性和适当性。

当然，公众参与对于城乡规划的传统性积弊同样具有相当的

---

① "尽早与可持续的参与"是公众参与的基本发展趋势，最早由美国公众参与实践总结提出。参见王青斌：《论城市规划中公众参与有效性的提高》，载《政法论坛》2012年第4期。

治愈能力，如对于城乡规划的行政权力主义倾向、市场利益化倾向、简单工程模式化倾向等都具有一定的调节和控制功能。

但是，应该特别注意的是，公众参与作为一项基本的行政公共决策方式方法已经成为学界共识，但是如何在城乡规划领域中得到最有效的表现，城乡规划中的公众参与机制与普通公众参与机制有何不同，体现出怎样的特色和不足，这些都是笔者必须予以解释的。

综上，笔者研究重点在于审视我国现行城乡规划法律制度的基本模式，结合行政程序理念和相应制度设计，在《城乡规划法》制度框架下，从行政法学角度对于亟待解决的城乡规划公众参与问题进行探讨与分析，如公众参与的制度表现、在城乡规划领域与其他领域公众参与的具体特性分析、城乡规划领域公众参与的域外考察与制度发展脉络、公众参与对于城乡规划的政府行政行为的意义、公众参与的机制设计如何提升其有效性等。

针对城乡规划学过多以城乡规划中公众参与的技术性功能属性为研究重点、行政法学过多以行政规划中公众参与的理论性功能属性为研究重点的现状，笔者本选题的研究价值主要在于将两大学科的已有成果进行总结深化，更重要的是在技术性功能与理论性功能之间寻求平衡点，使乡规划中公众参与的行政法学意义凸显，从行政法学角度专门对城市规划中的"公众参与"概念界定，"公众参与"实施的必要性和原因以及"公众参与"实施的有效性制度进行探讨，而这些问题行政法意义层面的回答也会对规划学界的技术性分析产生实质影响。

二、相关概念的说明和界定

（一）城市规划

城市规划是人类为了在城市的发展中维持公共生活的空间秩序而作的未来空间安排，是行政规划的重要组成部分。[①] 城市规划从本质上来讲属于建筑学科中规划专业的专业术语，本身是一个技术性词汇。[②]

从内容上看，城市规划的核心内容包括四大方面：土地使用的配置；城市空间的组合；交通运输网络的架构；城市政策的设计与实施。

从功能或价值层面看，城市规划之功能在于：克服城市环境开发中市场机制的固有缺陷；确保城市建成环境能够满足经济和社会发展的空间需求；同时保障社会各方的合法权益。

从城市规划的发展脉络来看，世界范围内的城市形态尽管由于地理、环境等自然因素呈现出不同的模式（见图1），但是随着城市人口的增加、国家城市化进程的加快、经济发展规模的提升等原因，城市无一例外的走上了扩张发展的道路（见图2、图3）。

[①]　李德华主编：《城市规划原理》，中国建筑工业出版社2001年版，第42页。

[②]　《城市规划基本术语标准》认为："城市规划是对一定时期内城市的经济和社会发展、土地利用、空间布局以及各项建设的综合部署、具体安排和实施管理。"参见《城市规划基本术语标准》（GB/T 50280—98）第3.0.2条。

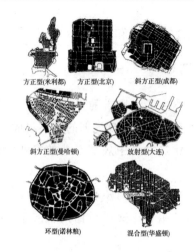

方正型(米利都)　方正型(北京)　斜方正型(成都)

斜方正型(曼哈顿)　　　放射型(大连)

环型(诺林粮)　　　混合型(华盛顿)

图1：城市的自然表现形态①

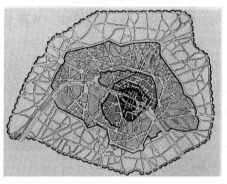

图2：巴黎城区扩张的印迹

（内城墙建于中世纪初，外城墙分别建于 1180 年、1370 年、1676 年、1784—1791 年、1841—1845 年②）

---

① 图片来源：李德华主编：《城市规划原理》，中国建筑工业出版社2001 年版，第 12 页。

② 图片来源：［法］米歇尔·米绍等主编：《法国城市规划40 年》，社会科学文献出版社 2007 年版，第 035 图 5—4。

6

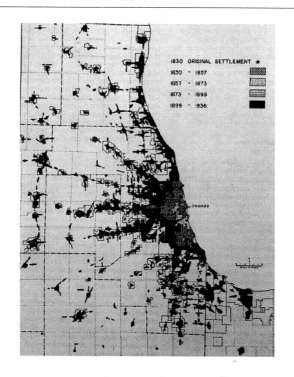

图3：芝加哥地区的城市扩张①

相应地，城市规划在技术层面日益复杂，在政治层面涉及的利益群体愈来愈多，城市规划的敏感性日益突出，它不单单是规划师的专业性活动，而是具备了政策协调和利益分配的新功能，这也正是将公众参与引入城市规划的理由。

（二）城乡规划

城乡规划是政府调控城乡建设和发展的基本手段之一，也是政府履行经济调节、市场监管、社会管理和公共服务职能的重要

————————

①　图片来源：秦红岭：《城市规划——一种伦理学批判》，中国建筑工业出版社 2010 年版，第 38 页。

依据。① 从规划学概念上看，城市规划和城乡规划是种属关系，城乡规划是大概念，它既包括城市规划，也包括乡村规划；城市规划是小概念，仅指城市范围内的规划种类。② 也就是说，现行我国城乡规划立法体系业已从城市、乡村分别立法的"一法一条例"时代发展到城市、乡村统一立法的"城乡一体化"时代；立法模式亦从"重城轻乡"模式到"城乡统筹"模式。

因此，在规划学范畴内，城市规划与城乡规划在范畴上是有区别的，城乡规划的范畴因为包括乡村规划从而大于传统意义上的城市规划；而在行政法学领域内研究，因为将其看做传统行政规划的一部分，主要研究规划的具体规则和程序表现，因此不太特别区分城市规划和城乡规划。基于此，笔者使用城乡规划的词语表述，力争使规划的概念周延化，既包括城市范围，也包括乡村范围。但是囿于研究的视野和现实情况，笔者主要以城市规划为代表研究城乡规划的基本规则，即城市和乡村规划的共性要求，而对于乡村规划的特别内容暂不进行表述。③

（三）公众参与

关于公众参与的概念，学者们基本都是从不同角度进行表述，有学者甚至认为，"对公众参与进行概念的界定和解释是一项不可能完成

---

① 汪光焘：《关于〈中华人民共和国城乡规划法〉（草案）的说明》（2007 年 4 月 24 日），载《全国人民代表大会常务委员会公报》2007 年第 7 期。

② 立法角度也印证了这种关系，2007 年 10 月 28 日，十届全国人大常委会三十次会议通过《中华人民共和国城乡规划法》，原《中华人民共和国城市规划法》和《村庄集镇规划建设管理条例》被废止。

③ 乡村集镇由于土地使用权性质属于集体所有制，不同于城市土地使用权国家所有制。因此乡村和城市中对土地规划的合理使用会存在区别。

的任务。"① 中西方学者给出的公众参与的定义至少有以下几种：

1. 西方学者的定义

（1）斯凯夫顿报告认为，"公众参与是指公众和政府共同制定政策和议案的行为。参与涉及发表言论及实施行动，只有在公众能够积极参加制定规划的整个过程之时，才会有充分的参与"。②

（2）Arnstein 认为，"公众参与是公众的一种权力。参与是权力的再分配，通过这种再分配，那些被排除在现有的政治和经济政策形成过程之外的无权民众，能够被认真地囊括进（社会的）未来。"③

（3）Glass 认为，"公众参与是一个可供民众参与政府的决策

---

① Langton, S. , "What is Citizen Participation?" in Stuart Langton ed. , Citizen Participation in American, Lexington Books（1978）, p. 13.

② Ministry of Housing and Local Government, People and Planning（Skeffington Report）, Her Majestry'os office（1969）, p. 1. 关于斯凯夫顿报告的背景：英国在 1968 年新修订的《城乡规划法》中增加了公众参与地方规划的规定，但是没有明确公众应当如何参与规划，鉴于此，1968 年 3 月负责规划事务的政府部长组建了一个特别小组，由斯凯夫顿（A. M. Skeffington）任主席。小组的主要任务是研究并提交一份关于公众如何参与地方规划的报告，希望提出一个具有公开性的最佳方法和途径来确保公众参与制定他们所在地区的规划，这一报告就是著名的"斯凯夫顿报告"，此报告对于西方公众参与城市规划的研究具有里程碑式的意义。参见杨贵庆：《试析当今美国城市规划的公众参与》，载《国外城市规划》2002 年第 2 期。

③ Arnstein, S. R. , A Ladder of Citizen Participation, Journal of American Institute of Planners, Vol . 35, No. 4（1969）. 关于该文的背景：该文对"公众参与"的概念作了系统分析，在"公众参与城市规划"的文献中，被广泛引用。参见 Taylor, N. Urban Planning Theory Since 1945, Sage Publication（1998）, pp. 88 - 89。

规划过程的机会。"①

（4）Smith 认为，"公众参与是指任何相关的民众（个人或团体）所采取以影响决策、计划或政策的行动。"②

（5）Langton 认为，"公众参与是指公民（citizen）有目的的参与和政府管理相关的一系列活动。"③

2. 中国学者的定义

（1）孙施文认为，"公众参与是市民的一项基本权利，在城市规划的过程中必须让广大的市民尤其是受到规划内容影响的市民参加规划的讨论和编制，规划部门必须听取各种意见并且要将这些意见尽可能反映到规划决策之中。"④

（2）江必新认为，"公众参与指的是行政主体之外个人和组织对行政过程产生影响的一系列行为的总和。"⑤

（3）蔡定剑认为，"公众参与是从根本上改变政府传统的获取民意方法，由封闭转为公开透明，由政府和官员主导变为公众能主动参与，特别是利害相关人有权利参与。可见，公众参与使政府的决策治理过程由过去的'官控'变为'民动'，从而使决策和

---

① Glass, J. J., Citizen Participation in Planning: The Relationship between Objectives and Techniques, Journal of American Institute of Planners, Vol. 45, No. 2（1979）.

② 8 Smith, L. G., Public Participation in Policy Making: The State – of – the – Art in Canada, Geoforum, Vol. 15, No. 2（1984）.

③ Langton, S., "What is Citizen Participation?" in Stuart Langton ed., Citizen Participation in American, Lexington Books（1978）, p. 13.

④ 孙施文：《现代城市规划理论》，中国建筑工业出版社 2007 年版，第462 页。

⑤ 江必新、李春燕：《公众参与趋势对行政法和行政法学的挑战》，载《中国法学》2005 年第 6 期。

治理变得更加科学、客观和反映民意。"①

（4）许安标认为，"公众参与，内涵丰富，从广义上讲，其形式主要是两类：一是选举，这是最制度化，也是最根本的政治参与；二是选举组成政府后，政府在决策过程中与公众沟通的过程。通常所指的公众参与，一般是指后者。"②

（5）莫于川认为，"所谓参与式行政，是指行政机关在行使国家权力，从事国家事务和社会公共事务管理的过程中，广泛吸收公众参与行政决策、行政立法等过程，充分尊重公众的自主性、自立性和创造性，承认公众在行政管理过程中的主体性，明确公众参与行政的权利和行政机关的责任和义务，共同创造互动、协调、协商、对话、合作的新型法律制度，形成政民合作、政企合作、政社合作的机制。"③

3. 笔者的定义

对公众参与进行概括性的、总结性的表述似乎很难，但是总结中西学者的观点，公众参与无非具有这么几个实质性要素：（1）主体上是公众的参与，此处公众既包括社会大众，也包括具备专业性技能和知识的专家及组织；（2）方式上体现为一系列的程序性规则，如听取意见、调查研究、信息公开等，这些程序性规则的共同特性是鼓励公众介入行政政策的制定和实施，并且为之提供基础性救济；（3）目的是吸收民意，提升行政效率和行政

---

①　蔡定剑主编：《公众参与与风险社会的制度建设》，法律出版社 2009年版，第 19 页。

②　许安标：《法案公开与公众参与立法》，载中国政法大学法治政府研究院编辑：《公众参与法律问题国际研讨会论文集》，第 161 页。

③　莫于川：《参与式行政法制模式论纲——中国行政法民主化发展趋势分析的一个视角》，载中国政法大学法治政府研究院编辑：《公众参与法律问题国际研讨会论文集》，第 207 页。

决定的可接受程度，实现政府"善治"①，协调社会不同利益群体的主张，达到社会利益最大化。

三、研究的学科现状

综上，我们已对关键性词语"城乡规划"、"公众参与"进行了一般性解释，那么在城乡规划领域中的公众参与的研究现状如何？学者们是否已经达成某种基本共识？该领域是否已经存在一些不言自明的制度规范？这些都是进行具体研究前必须予以回答的问题。

从学科领域来看，城乡规划领域内的公众参与较早是由城市规划学的学者进行研究的，首先把"公众参与规划"的概念介绍到内地的是香港大学的郭彦弘教授，他在1981年发表的《从花园城市到社区发展——现代城市规划的趋势》一文中，结合现代城市规划的发展较为详细地介绍了国外城市规划程序中的公众参与，并且结合中国的国情指出"规划的目的在于满足群众的需要，所以在程序上也要把征求群众意见作为城市规划的主要步骤，深入群众的重要性是要在程序里面安排的，而这一程序又是值得研究的。"② 而在行政法学领域，尽管"公众参与"从来都是一个热门词汇，近几年更是成为学者们研究的重点，但是专门以城乡规划领域的公众参与作为研究对象的成果可谓寥寥无几，更多的是就

① 善治就是政府依据并尊重人民的意志和生活方式作出决策和进行治理。参见蔡定剑：《从公众参与走向政府善治》，载中国政法大学法治政府研究院编辑：《公众参与法律问题国际研讨会论文集》，第187页。善治的概念是俞可平教授在专著《治理与善治》中提出的。参见俞可平主编：《治理与善治》，社会科学文献出版社2000年版，第4—5页。

② 郭彦弘：《从花园城市到社区发展——现代城市规划的趋势》，载《建筑师》1981年第7期。

公众参与的理论基础、共性规则等内容进行探究。分析其中原因，笔者认为主要是由于城乡规划具有极强的专业性和技术性，在没有一定的城乡规划基础知识的背景下进行研究只能是泛泛而谈，无法把握城乡规划领域公众参与的特殊属性。其实这一理由也在某种程度上解释了为什么相较价格立法、环境评价等领域，城乡规划领域公众参与积极性不高、参与效果欠佳。①

（一）城市规划学界的研究状况

规划学界②对城乡规划中公众参与的研究始于 20 世纪 80 年代初。进入 90 年代以后，公众参与被视为"中国的城市规划适应社会主义市场经济而作的转变"③，逐步引起规划学界的重视。从研究数量上看，90 年代初期的研究还比较零星，到了 2000 年以后相关研究开始逐渐增多。2000 年，《规划师》和《城市规划》杂志开辟专门的版面对城市规划中的参与程序进行探讨。"公众参与城市规划"的研究蓬勃开展起来。2005 年《北京规划建设》杂志专版进行"公众参与规划"的讨论，编者指出，伴随着《美国大城

---

① 当然，这种状况是多种原因合力造成的，比如，相较价格立法、环境评价领域，城乡规划中公众的利益相关性并没有那么急迫和明显。城乡规划毕竟首先是规划图纸上的规划，它对公众的利益影响有一定的时间延后性。

② 在"一法一条例"时代（即《中华人民共和国城乡规划法》和《村庄集镇规划建设管理条例》），规划学界专业领域称作"城市规划学"，这一称谓未因《城乡规划法》的颁布实施有所变化，而成为约定俗成的称谓沿用下来。现在城市规划学专业是在工学一级学科下的二级学科，学制通常为四年。

③ ［美］大卫·马门：《规划与公众参与》，载《国外城市规划》1995 年第 1 期。

市的死与生》① 中文版的发行，雅克布斯平民视角引起了规划学界的关注，外加几次重量级的听证会对我们的社会神经的刺激，公众参与问题仿佛一夜之间成了规划学界的当红明星，大家似乎真的"参与"起来了。②

综上所述，我国规划学界"公众参与规划"的研究开始于 20 世纪 80 年代初，发展于 90 年代后期，2005 年左右逐步成为规划学界讨论和研究的重点。③

（二）行政法学界的研究状况

相比城市规划学界，行政法学领域对公众参与城乡规划的探究起步比较晚。截至目前，在法学核心期刊上关于城乡规划领域公众参与的文章只有 3 篇，分别是朱芒：《论我国目前公众参与的制度空间——以城市规划听证会为对象的粗略分析》，载《中国法学》2004 年第 3 期；王巍云：《城乡规划法中公众参与程序探讨》，载《法制与社会》2008 年第 3 期；王青斌：《论公众参与有效性的提高——以城市规划领域为例》，载《政法论坛》2012 年

---

① 《美国大城市的死与生》是城市规划学界人手一册的"名著"，其地位类似于王名扬先生的《英国行政法》、《法国行政法》之于行政法学者。

② 编者：《城市规划：从"精英决策"到"公众参与"》，载《北京规划建设》2005 年第 6 期。

③ 笔者在中国知网（www.cnki.net）对相关文献进行了检索，检索方式为：在篇名中检索含"城乡规划"、"公众参与"的论文；限定的时间跨度为 1978—2012 年。最后获得 41 篇文献（最后检索日为 2012 年 12 月 24 日）。检索的具体结果为：1983 年有 1 篇，1989 年有 1 篇，1990 年有 1 篇，1994 年有 2 篇，1998 年有 1 篇，2001 年有 1 篇，2002 年有 2 篇，2003 年有 1 篇，2004 年有 2 篇，2007 年有 2 篇，2008 年有 6 篇，2009 年有 6 篇，2010 年有 5 篇，2011 年有 6 篇，2012 年有 4 篇。

第 4 期。① 由此可以看出，尽管公众参与逐渐成为行政法学研究的热门词汇，城乡规划领域的公众参与也展开了一些相关研究，但是相比规划学界仍然存在差距。尽管如此，在两个学科的既有研究成果中，还是存在一些共性的研究内容和考察方式。

（三）城市规划学与行政法学的相同研究成果

1. 对域外公众参与理论及其制度实践的介绍

由于公众参与程序是一个外来的概念，对域外理论和制度实践的介绍是两个学科研究的起点，也是研究的重点。这方面的研究又可以细分为：第一，对域外公众参与程序基础理论的介绍；②

---

① 在中国知网（www. cnki. net）上，同时以"城市规划"和"公众参与"为篇名，将检索范围限定在"行政法及地方法制"类，进行检索获得 9 篇文献（最后查询日期为 2012 年 12 月 24 日），分别是朱芒：《论我国目前公众参与的制度空间——以城市规划听证会为对象的粗略分析》，载《中国法学》2004 年第 3 期；冯晓川、刘洋：《论城市规划中的公众参与》，载《河北工程大学学报（社会工程版）》2007 年第 3 期；陈美云：《城市规划与公众参与》，载《中外房地产导报》2003 年第 17 期；谢文辉：《试论城市规划中的公众参与》，载《科技资讯》2007 年第 16 期；董秋红：《行政规划中的公众参与：以城乡规划为例》，载《中南大学学报（社会科学版）》2009 年第 2 期；王巍云：《城乡规划法中公众参与程序探讨》，载《法制与社会》2008 年第 3 期；徐丹：《利益多元化与城乡规划中的公众参与》，载《绵阳师范学院学报》2011 年第 3 期；宋慧斌、赵建卫、张经纬：《走出公众参与城乡规划管理困境的对策》，载《生产力研究》2012 年第 9 期；王青斌：《论公众参与有效性的提高——以城市规划领域为例》，载《政法论坛》2012 年第 4 期。

② 参见孙施文、殷悦：《西方城市规划中公众参与的理论基础及其发展》，载《国外城市规划》2004 年第 1 期；杨贵庆：《试析当今美国城市规划的公众参与》，载《国外城市规划》2002 年第 2 期。

第二，介绍国外公众参与制度的现状及其制度形成的轨迹；① 第三，介绍公众参与的具体技术，进而提出完善我国公众参与的具体措施。②

2. 对城市规划中实行公众参与的价值研究

公众参与程序规则引入城乡规划行政运行过程之中，必须对其价值和必要性进行充分的阐述。对公众参与价值的研究综述如下：第一，通过论证公众参与城乡规划的优势，强调公众参与规划之必要性；第二，强调公众参与规划是市场经济体制改革的要求；第三，强调公众参与规划是城市规划的公共政策属性的要求。③

3. 探讨推动城市规划中公众参与的方法

"公众参与规划"的研究是为了解决中国既有规划实践空白而进行的理论探索，因此整个研究的落脚点在于如何推进中国城乡规划中的公众参与活动，学者建议的路径有两种：一种是在比照国外经验的基础上，总结我国规划中公众参与活动存在问题，然

---

① 参见田莉：《美国公众参与城市规划对我国的启示》，载《上海城市管理职业技术学院学报》2003 年第 2 期；王郁：《日本城市规划中的公众参与》，载《人文地理》2006 年第 4 期；成媛媛：《德国城市规划体系及规划中的公众参与》，载《江苏城市规划》2006 年第 8 期；王晓川：《德国：城市规划公众参与制度陈述及案例》，载《北京规划建设》2005 年第 6 期。

② 参见［美］大卫·马门：《规划与公众参与》，载《国外城市规划》1995 年第 1 期；陈锦富：《构建公众参与的城市规划新机制》，载《中外建筑》1999 第 4 期；吴茜、韩忠勇：《国外城市规划管理中"公众参与"的经验与启示》，载《江西行政学院学报》2001 年第 1 期。

③ 参见郭建、孙惠莲：《公众参与城市规划的伦理意蕴》，载《城市规划》2007 年第 7 期；徐键：《城市规划中公共利益的内涵界定———一个城市规划案引出的思考》，载《行政法学研究》2007 年第 1 期。

后给出建议。① 另一种是在总结公众参与城乡规划个案的基础上提出针对性的建议。研究者们基于不同的侧面和角度，提出了不同的具体建议。②

综上，我国城市规划学与行政法学对"公众参与城乡规划"的研究内容包括三个部分：（1）对域外"公众参与规划"理论和实践的介绍；（2）对"公众参与规划"价值的论证；（3）介绍我国公众参与的现状以及如何完善的内容。

（四）行政法学研究的特色

上文已述，尽管相比规划学科，行政法学对城乡规划领域的公众参与研究起步较晚，但是在既有研究成果中，除了一部分内容与规划学科存在交叉之外，大部分还是体现出强烈的行政法包容情怀，主要表现为：（1）以行政规划的共性规则为切入点，进而探讨城乡规划的共性规则。如在对行政规划进行研究的过程中，公众参与被视为行政规划的核心内容。宋雅芳教授以城市规划为例对行政规划确定程序中的参与机制做了梳理；周佑勇教授等对行政规划确定过程中规划草案的公告和听证程序进行了介绍。③（2）以公众参与行政程序为切入点，进而探讨公众参与之于整体

① 参见殷会良：《国外城市规划编制中公众参与方法的借鉴》，载《贵州工业大学学报（自然科学版）》2007年第2期；程天云：《美国公众参与城市规划的特点及启示》，载《今日浙江》2006年第22期。

② 参见纪锋：《公众参与城市规划的探索——以泉州市为例》，载《规划师》2005年第11期；林丹、刘昱：《城市规划中的公众参与——以武汉市公众参与实践为例》，载《现代城市研究》2006年第8期。

③ 参见章剑生：《行政规划初论》，载《法治研究》2007年第7期；宋雅芳：《论行政规划确定程序中的参与机制》，载《郑州大学学报（哲学社会科学版）》2006年第1期；周佑勇、王青斌：《论行政规划》，载《中南民族大学学报（人文社会科学版）》2005年第1期。

行政法治的价值和意义。如姜明安等学者将公众参与视为现代行政的基本理念，强调公众参与对于现代行政的积极意义；叶必丰教授将信任与沟通视为实现行政法治的必由之路，并且将公众参与视为实现"信任与沟通"的重要一环；章剑生等研究者对作为参与程序构成要素的"说明理由"、"听取意见"、"告知"、"听证"等制度进行具体的介绍和研究；① 王锡锌教授的专著《公众参与和行政过程——一个理念和制度分析的框架》，对公众参与程序的理念、制度以及功能进行了比较全面的分析。②

综上，在城市规划学界的研究中，公众参与被视为改进规划编制的技术性手段和方法，研究的目的是提升规划的科学性和可接受性。整个研究的过程一直在试图回答三个问题：即"什么是公众参与"、"为什么要实行公众参与"以及"如何实行公众参与"。但是，"城市规划之公众参与"在行政法学界依然是一个有待深入研究的命题，对于上述问题尚未给出具有行政法意义的答案。③ 如何在《城乡规划法》搭建的框架内展开公众参与活动，是规划学界和行政法学界共同面临的课题。

四、本书写作的思路和框架

如写作提纲所言，笔者遵循这样的写作思路进行分析：

---

① 参见姜明安：《公众参与与行政法治》，载《中国法学》2004 年第 2 期；江必新、李春燕：《公众参与趋势对行政法和行政法学的挑战》，载《中国法学》2005 年第 6 期；叶必丰：《行政法的人文精神》，北京大学出版社 2005 年版，第 162—189 页；章剑生：《行政程序法基本理论》，法律出版社 2003 年版，第 101—131 页、第 190—210 页、第 211—230 页。

② 参见王锡锌：《公众参与和行政过程——一个理念和制度分析的框架》，中国民主法制出版社 2007 年版。

③ 参见陈振宇：《城市规划中的公众参与程序研究》，法律出版社 2009 年版，第 6—11 页。

第一，对城乡规划领域中公众参与的价值、功能、必要性进行探究，这是整体制度研究的基石，这个问题解答的不清楚，后续研究也就丧失了写作意义。

第二，对于《中华人民共和国城乡规划法》、《中华人民共和国环境影响评价法》、《行政许可法》等法律之公众参与程序条款进行法条研究，力求在法律本体规范中发掘立法原意和立法宗旨，从法解释学的角度对城乡规划领域的公众参与提供一般性模板。

第三，由于公众参与城市规划是"舶来品"，域外发达国家和地区已经存在不少既有的法律制度，所以为了对中国城乡规划领域的公众参与体制进行完善性研究，对相关国家的体制进行比较考察是必不可少的，本文将重点介绍美国、英国、德国及我国台湾地区的相关制度，以求对我国制度设计有所借鉴。

第四，在完成城乡规划领域公众参与的一般性研究之后，文章将重点分析我国现行法律制度框架内城乡规划公众参与的运行模式和状态，分析状态的表现、成因及存在的问题，为下文的问题解决和有效性分析进行铺垫。

第五，公众参与城乡规划的关键在于参与的有效性，权利的行使必须配备相应的救济程序，针对上文分析的效力不高的实然状态，提出一般解决途径和特别解决途径，尤其是司法救济方式。司法保障是维护社会正义的最后一道屏障，如果仅仅规定了城乡规划领域的公众参与权利，但缺乏相应的司法救济规则，那么此种权利仅仅是形式意义上而非实质意义上的权利形态，权利的设置也丧失了最初的本义。

下面以图表形式对本书的写作基本框架做一描述（见图4）：

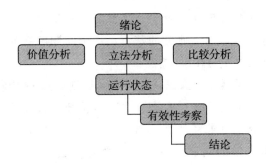

图 4：本书写作基本框架

五、创新点与不足

在行政法学领域，关于城市规划中公众参与机制的研究应该说刚刚起步，仍然是一个有待深入研究的新课题。尽管在规划学界此命题已经初步形成研究规模，但大多仍是以规划学的技术角度进行分析和探讨，公众参与也成为满足规划技术属性的功能性条款，其研究目的也基本限于如何提高规划设计方案的大众可接受性，而对于公众参与在城市规划中的行政法学原理、行政诉讼中的监督制约机制、公众参与的有效引导性等问题都没有专门研究。因此，从行政法学角度，专门对城市规划中的"公众参与"概念界定、"公众参与"实施的必要性和原因以及"公众参与"实施的法律规则与救济制度进行探讨就显得尤为重要，而这些问题行政法意义层面的回答也会对规划学界的技术性分析产生实质影响。

同时，行政法学界对公众参与城市规划权利相关议题的研究，多奠基于公众参与城乡规划观点的研究，多着重于参与的方法与形式研究，即参与的主要行政程序的制度设计探讨，但对公众参与权利如何才能构成司法保障，并无深入分析，"有纠纷即有规则，有规则即有维持规则存在不被破坏的司法"。① 笔者将对这一问题进行探讨。

另外，笔者在进行完原则性、基础性分析和讨论后，力求总结出提高城乡规划领域公众参与的有效性的一般性内容，即在公众参与理念已成为不言自明的真理之前提下，如何寻找统一的城乡规划领域公众参与的应然性程序以提高公众参与之效力。

不足之处在于，对公众参与的普遍性探讨过多，而对于城乡规划领域的公众参与的特色制度未能深入研究，为了避免文章流于"公众参与＋城乡规划＝城乡规划中的公众参与"这样的形式，笔者拟对于公众参与的一般性原理只做必要的介绍和说明，而不进行过多的着墨，重点内容将仅限于城乡规划领域的公众参与。

---

①　张树义：《中国社会结构变迁的法学透视——行政法学背景分析》，中国政法大学出版社 2002 年版，第 269 页。

第一章 城乡规划领域公众
参与机制价值分析

笔者进行城乡规划领域公众参与机制的考察与研究，首当其冲必须回答的问题是，制度设置的必要性是什么？这是所有研究的起点，如果不能很好地解释为什么研究的问题，那么后续的写作都不存在现实意义。因此，第一章对公众在城乡规划领域进行公众参与的价值与功能进行分析，首先探讨公众参与的必要性和实际价值，公众参与对于解决行政法的"传送带"模式所具有的实际功用；其次重点讨论基于城乡规划行为基本特性而产生的公众参与所具有的功效；最后对公众在城乡规划领域中的参与机制之负面评价进行回应，指出公共利益模糊化、行政效率受损等内容都不能妨碍城乡规划领域公众参与制度的建立。

第一节 公众参与行政过程的必要性

公众参与的价值研究在规划学界和行政法学界都不是一个新的课题，从既往研究成果来看，规划学界主要从提高城乡规划的质量、降低规划成本、提升规划文本的可接受程度等方面来论证公众参与的必要性与价值，而行政法学界则主要从提升行政决策的民主性与科学性、监督行政职能行使、完善市民社会治理等方面来阐释公众参与的价值与功用。

下面以图表（见图 5）方式表述规划学界和行政法学界对公众参与价值与功能的基本主张：

研究学者		公众参与的价值与功能	
规划学者	Beierle & Cayford	体现公共价值、提升决策质量、解决冲突	建立共信、教育公众①
	Creighton	改进决策的质量、建立共识、减少决策成本和迟延、避免最坏的决策	使决策的执行更为方便、增强决策的可信度和正当性②
	Innes& Booher	获取公众意愿、提高决策质量	倾诉的机会、增强决策的合法性、符合法律要求③
行政法学者	江必新	加强监督、行政效率的提高，维护行政相对人的合法权益	提供利益表达平台、尊重公众意志、增强行为的合法性和可接受性④
	熊文钊	补充传统治理中的市民社会缺位，实现市民社会软治理的优势	提供治理的良性选择，加强民主协商性⑤

① Beierle, T. & Cayford, J., Democracy in Practice: Public Participation in Environmental Decisions, Resources for the Future (2002), p. 74.

② Creighton, J. J., The Public Participation Hand Book: Making Better Decisions Through Citizen Involvement, Jossey – Bass (2005), pp. 18 – 19.

③ 参见 Innes, J. E. & Booher, D. E., Public Participation in Planning: New Strategies for the 21st Century, Paper prepared for the annual conference of the Association of Collegiate Schools of Planning (2000), pp. 6 – 7。

④ 江必新、李春燕：《公众参与趋势对行政法和行政法学的挑战》，载《中国法学》2005 年第 6 期。

⑤ 熊文钊、曹旭东：《公众参与的合理性与权利保障制度》，载中国政法大学法治政府研究院编辑：《公众参与法律问题国际研讨会论文集》，第263—264 页。

研究学者		公众参与的价值与功能	
行政法学者	莫于川	实现行政的民主化与法制化	体现民主精神，是宪政发展在行政法领域的具体体现①
	杨建顺	推动民主政治和法治国家建设的功效	是现代国家行政程序理念深入发展的标志之一②
	蔡定剑	促进辩论与对话的方式，强化政府与公众之间共识	促进公民对政策制定核心过程的介入，加强政策制定者的责任感③

图 5：学界对于公众参与价值基本主张

笔者认为，不论是规划学界抑或是行政法学界，对于公众参与行政活动的价值研究都是精辟的，各自学科从自身学科特色与角度进行研究本身就无可厚非，但是，从基础理论的角度看，各种学说似乎都未能直接解释公众参与的现实性与合理性，按照黑格尔"存在即有其合理性"④的观点，公众参与的方式必然有其实际存在的核心价值，而这一价值绝不仅仅体现在监督行政、提高行政决策的可接受性、加强市民社会的良性软治理能力等方面。笔者认为，公众参与行政决策活动的根本价值在于解决了传统行政模式的局限性，开创了新型的行政运作模式。

---

① 莫于川：《中国行政法20年来民主化发展与未来趋势》，载《南都学刊（人文社会科学学报）》2006年第1期。

② 杨建顺：《政务公开和参与型行政》，载《法制建设》2001年第5期。

③ 蔡定剑：《公众参与：欧洲的制度与实践》，法律出版社2009年版，第7页。

④ ［德］黑格尔：《法哲学原理》，杨东柱、尹建军、王哲译，北京出版社2007年版，第11页。

一、"传送带"模式的局限性

启蒙思想家卢梭曾说：人民作为一个整体，直接地、在场地参与和决定，是政治统治合法性的基础。他同时强调：人们必须亲自参与法律的制定和各种决策，法律和决策都应当以"公意"作为唯一基础，在这样的条件下，人们"通过服从自己为自己制定的法律就可以获得自由。"① 可见，在古典民主理论家的视野中，人民直接参与和自我管理，是实现政府法治规则合法性的前提条件，同时，良好的公众参与也为法律规则的实施与执行创造良好的人文环境和社会氛围。

在传统行政法"无法律即无行政"时代，由于过度担心行政权扩张所导致的滥用风险，更多的是用法律规则控制行政权作用的理念成为主流。② 其中最具典型代表意义的是英美法系奉为经典的"传送带理论"。即：（1）由人民选举代表组成代议机关，代议机关代表民意制定法律规则；（2）行政机关作为代议机关的执行机关，遵守代议机关制定的法律规则并严格执行之；（3）司法机关对行政机关是否执行法律规则进行普遍的、有效的司法审查。这样，实现了人民—议会—政府—人民的"意志"传输，并且由法院作为这种意志传输的救济方和监督者。

传统行政法模式的"传送带理论"无疑有其逻辑上的周延性和恰当性，通过立法之手将人民意志制定为正式法律规则，行政机关严格执行这种饱含人民意志的法律规则，否则要承担相应的法律责任。但不可否认的是，"传送带理论"是建立在这样的前提

---

① J. J. Rousseau, The Social Cranston (trans.), Penguin Books (1968), p. 64.

② 裴娜、于成：《"公众参与式"行政程序法制度之价值考量》，载《经济研究导刊》2012 年 11 期。

条件上的，首先，立法机关有能力提供行政过程的具体规则并反映民意；其次，行政机关只是执行规则的工具，不应当具有自由裁量的空间；最后，法院进行司法审查应是普遍的和可获得的，并能够产生实质影响力。

毫无疑问，对于"传送带理论"的三个前提，在现代"福利行政"时期行政权高度扩张的背景下，早已不再是现实。立法机关出于对行政专家的专家技术的理性尊重，对于行政机关更多的是一种"概括式授权"，其标准是模糊并宽泛的；① 同时，行政自由裁量权早已成为一种普遍的事实，"历史上所有的政府和法律制度，无一不是法律规则与自由裁量并行。从自由裁量权广泛存在的意义上讲，没有一个政府能够做到只受法律的统治而不受人的统治。所有法治政府都是法治统治和人的统治的结合。"② 最后，基于行政的专业化和复杂化以及自由裁量权的泛滥，司法审查的可实施性与有效性受到了明显的削弱，而且正如第一点所分析的，由于立法机关无法给出行政运作的具体实践标准，也使法院司法审查成为事实上的不能。

以上分析传统行政"传送带"模式的目的在于说明，现代行政早已不是"警察行政"时代的消极行政模式，运用单纯的控权理念和制度（"红灯理论"③）已不能完全适应现代行政的需要。要创设新的规则，必须着眼于行政过程的新特点。应该看到，从

---

① 当然，立法机关"概括式授权"的理由大多是出于行政"专业性、技术性、复杂性"的考虑，但也不排除存在立法机关以此为借口进行"概括式授权"，从而能成功逃避立法失败责任，将部分立法责任转嫁给行政机关的心理考虑。

② Kenneth Culp Davis, Discretionary Justice: A Preliminary Inquiry, University of Illinois Press (1971), p. 17.

③ ［美］卡罗尔·哈洛、理查德·罗林斯：《法律与行政》，商务印书馆 2004 年版，第 13—14 页。

警察行政到福利行政的转变，形式上体现在行政领域的大范围扩张，但如果仔细研究扩张的具体领域，不难发现，新兴行政领域集中在环境保护、劳动保障、经济管制等需要涉及各种竞争性利益的活动，事实上行政已经被推到了社会问题的最前沿，必须面对新生的行政事务涉及的竞争性利益并作出最优化选择。

由此看来，行政活动已经不可避免地出现了类似立法活动的"政治化"色彩。因为政治生活的本质就是不同利益的表达、竞争、交涉、妥协，并在此基础上达成合意的过程，即所谓"意志的表达"。行政机关根据宽泛的立法标准，行使行政自由裁量权，对大量相互竞争的利益冲突进行权衡解决的活动，本质上就是一个政治过程。[①]　因此，针对行政行为政治化的新特点，单纯依靠传统模式的规则控制和司法审查进行行政法治建设已明显落伍，时代呼唤新的行政法制度模式。

二、"传送带"模式的解决路径

上文已述，传统"传送带"式的行政模式实际带有行政工具主义色彩，将行政机关当做立法机关的执行机器，并由司法机关对机器的运行过程进行监督。行政过程在新时期的政治化特点迫使行政模式必须进行转变。针对"立法宽泛授权"、"行政自由裁量权泛滥"、"司法审查不能"以及"公共利益模糊"的实际情况，究竟采用什么样的手段和途径才能有效地实现行政目的，使行政权能高效运作而不至于滥用？笔者认为，方法有二：其一，在行政过程中引入公众参与机制；其二，大力发展程序规则和制度。

---

① 王锡锌：《公众参与和行政过程 —— 一个理念和制度分析的框架》，中国民主法制出版社 2007 年版，第 25 页。

（一）在行政过程中引入公众参与机制

公众参与制度在中国是具有宪法渊源的。[①] 从国外的发展情况看，西方参与民主理论从 20 世纪 60 年代起，影响力日益扩大。"参与式民主"最初是运用于微观治理层面的概念，如社区治理、学校治理等。进入 70 年代，公众参与已从微观逐渐向宏观过渡，新型的"参与民主理论"诞生；1984 年美国学者巴伯出版《强民主：新时代参与政治》一书，将强调扩大公民对政治的直接参与的民主形式称为"强民主"，以区别于单纯强调保障个体自由，不关心"善治"的自由主义"弱民主"形式。[②]

针对上文提出的新时期行政活动政治化的特点，本文认为，在行政过程中运用公众参与可以较好地应对"立法授权模糊"等上述三个理论困境。这是因为：

1. 立法机关对于专业性的行政事项已大量采用授权立法的方式进行，换言之，行政具有了某种意义上的"立法性"（表现为制定具有普遍性约束力的统一规则），而立法活动本质上是各种利害关系利益的博弈过程。因此，具有立法属性的行政规则制定应该也必须产生"类立法"模式，参照立法活动中尽可能吸纳民意的方式。更值得注意的是，立法机关本身就是民意选择的代议机构，而行政机关是任命产生的（尽管理论上认为行政机关由立法机关产生也体现了民意的连续性和一致性），因此相比较立法活动，本身在产生过程中没有民众意志纳入的行政活动应更加重视对公众参与的运用和采纳。

---

① 《中华人民共和国宪法》第 2 条第 3 款规定："人民依照法律规定，通过各种途径和形式，管理国家事务，管理经济和文化事业，管理社会事务。"

② ［美］卡罗尔·佩特曼：《参与和民主理论》，陈尧译，上海人民出版社 2006 年版，第 10 页。

2. 自由裁量权的广泛运用给行政活动带来了高效的同时也潜伏着滥用的风险，而自由裁量权又被事实证明是不可避免的。"在行政决定制作的过程中，认定事实和适用法律的活动本身就包含着自由裁量的因素。"① 那么，运用公众参与至少可以增强对自由裁量权的监控。这是因为，公众参与增强了行政权运作的透明性，公众对权力行使的过程更多的介入和了解，意味着权力更少的滥用可能性；同时自由裁量权行使过程中吸纳公众参与，也进一步体现出现代合意行政的特点。公众参与将更有助于自由裁量的理性化，有助于"以权利制约权力"②。

3. 司法审查不能的困惑。总体来说，司法审查普遍性的丧失是由于法院对行政专家理性的尊重考虑，而如果能够在专家理性和公众参与之间寻求到一种平衡，则不但增强了普通民众的专业学习能力，也使行政决定的社会适用力大大提高。而且公众参与后使行政决定的公众可接受度提升，客观上也会减少诉讼的数量，使司法审查的频率降低。

4. 公共利益模糊化的困境。行政的根本目的在于最大限度地保障公共利益的实现，而公益标准的难以确定也一直是困扰行政法学界的难题。"公共利益具有多种利益组合而成之结构。"③ 并且，在现代行政扩张趋势下，"在一个大的共和国里，公共的福利就成了千万种考虑的牺牲品；公共福利要服从许多的例外；要取

---

① ［美］理查德·斯图尔特：《美国行政法重构》，沈岿译，商务印书馆2002年版，第12页。

② 王锡锌：《自由裁量与行政正义：阅读戴维斯〈自由裁量的正义〉》，载《中外法学》2002年第1期，第45页。

③ "联邦电力委员会诉霍普天然气公司"，载《美国最高法院案例汇编》（第320卷）（1944），第627页。

决于偶然的因素。"① 而加强公众参与的广度和深度虽然不能从概念层面清晰地厘清公共利益的内涵和外延，但毫无疑问会使行政过程体现公共利益的可信度大大加强，使社会公众对公共利益的感知更加清晰明确，从而使行政决定的实质执行力得以提高。

(二) 发展程序规则和制度

法学意义上，"程序"一词有专门的含义，与"实体"相对称，指按照一定的方式、步骤、时间和顺序作出法律决定的过程，其普遍形态是：按照某种标准和条件整理争论点，公平的听取各方意见，在使当事人可以理解或认可的情况下作出决定。②

行政程序规则对于行政权的控制与约束作用是显而易见的，但在新时期，针对行政权"政治化"的新特点，我们更应该强调的是程序规则对于行政过程中各种利益的平衡与保障，即在行政权对社会各种利益类型、利益冲突进行分析、认定、平衡、调解的过程中，使各个参与主体通过一系列正当、有序、公开、透明的程序性规则，获得一种普遍的人格尊重以及对于行政结果的良好期待。

1. 针对"立法授权模糊"，大量授权立法存在的现状，制定行政立法程序规则，使得在行政授权立法过程中，尽管不能在专业性、技术性的行政事项上进行内容控制，但至少可以使行政过程的产生步骤、顺序、方式公开化、透明化，以程序规则控制代替内容上的审查不能。

2. 针对行政自由裁量权大量存在的现状，出于对行政专家的

---

① ［法］孟德斯鸠：《论法的精神》（上），商务印书馆 1961 年版，第 124 页。

② 季卫东：《程序比较论》，载《比较法研究》1993 年第 1 期。

理性尊重，立法机关不能对自由裁量权行使的各个方面进行有效监控，自由裁量权事实上已经成为行政机关的一项专属特权。但是，通过制定一系列的行政行为程序规则，立法机关至少可以在最低标准上进行行政控制。如在行政机关裁量中听证制度的实施可以使自由裁量的恣意行使受到极大限制，审裁分离制度运用权力分离和制衡的理念使自由裁量的相互制约成为现实，这些制度使得行政自由裁量权的行使和最终决定获得相对人的认可和信服成为可能。

3. 针对司法审查有限性的现状，实际上充分运用行政过程中的程序控制一定意义上可以看做将司法审查的位置前移至行政过程。这是因为，大量的行政程序规则其实都是仿照司法规则的模式创建的，重视程序、重视程序的缜密性本身就是司法活动的一大特点。因此，尽管法院囿于其自身的权力属性而不得不对行政权力放松管制，立法授权的模糊化也事实上使司法审查因为缺乏审查标准而成为"天方夜谭"，但是，通过类司法程序的行政程序之运用，可以有效弥补司法程序监督的无奈。

4. 针对公共利益模糊化的标准缺失，程序规则的确立和运用可以在一定程度上进行弥补。上文已述，行政过程本身已经演变为一种"政治化"活动，尤其在行政立法和政策制定过程中得到最清晰的展示。一项公共政策将对很多相关利益产生巨大影响，在利益的驱动下，那些不同的利益主体为了追求自己的利益而展开竞争。[①] 此时，建立并完善行政程序规则的实施对于"公共利益"的整体把握具有积极意义，因为公共利益更多的是在参与个体心中的衡量，可以说，每个主体对于公共利益都有其自身的理

---

① 王锡锌：《公众参与和行政过程——一个理念和制度分析的框架》，中国民主法制出版社 2007 年版，第 29 页。

解。那么，在程序中设置规则让每个利益主体都能够充分地表达利益诉求、主张，同时最大限度地听取其他利益主体的主张，将会促使各方对于行政事项的整体性观点充分认知并适时地修正自身模式化的判断，使最终行政决定的公共利益概念判断更加符合绝大多数人的利益观点，这样可以认为，行政过程达到了公共利益所要求的行为方式。

第二节　公众参与程序基本制度及价值分析

上文笔者主要从行政时期新的"政治化"运作特点入手分析，指出行政方式必须针对新时期的变化作出相应回应，要解决传统"传送带"模式所面临的困境，有两个办法：一为引入公众参与机制；二为加强行政程序制度建设。

下面笔者将二者进行结合，重点探讨在公众参与机制中行政程序的运行思路和具体制度。其实，公众参与与程序性行政规则本身也是相辅相成的，我们不难看到，公众参与中的很多制度设计本身就可以归为程序制度范畴，如信息公开制度、说明理由制度等；同时，许多程序性规则的确立初衷有相当一部分也是为了加强公众对行政过程的参与度而进行的。如听证制度尽管源于英国"自然公正"原则，是为保障利害关系人的权利而设，但现阶段的听证会已经很大程度上成为公众参与的舞台，尤其在政策制定、价格立法领域等。因此，公众参与与程序制约已成为相辅相成的两种制度设计，这也进一步说明了二者成为解决"行政过程政治化"路径的理由。

具体到参与式行政的程序设计思路，笔者认为，除了一般性的程序运作共性外，更应该体现和关注在公众参与活动具体领域的特殊性。即在基本行政程序理念充分考虑的前提下，对行政公众参与中的具体程序制度设计要特别创设规则。下面，笔者将先进行一般性程序理论的分析，再进行参与式行政中特殊程序要素的分析。

一、程序理论分析

"在法治主义旗帜下，有两种理想类型：形式法治与实质法治。实质法治当然是法治更理想的状态。但是，由于社会的复杂性、人们所处环境的不同和需求的多样性，使得实质法治的标准很难精确确定……同时，实质法治主义在维持法律的确定性和防止法官滥用权力方面具有天生的不足。因而，人类历史上还未曾出现过真正的实质法治时代。形式法治则不然，它可以通过创设一系列规则，使得人们的行为和国家权力的运作，在预设的轨道上运行，尤其是其中关于程序性的规定，使法律变得易于操作……因此，所有法治国家，没有不重视法律程序的。"①

行政程序法的基本功能已经得到学界的共识：（1）制约行政权力，保障相对人权利，实现程序正义；（2）实现行政资源合理配置，提高行政效率；（3）保证行政实体法的正确实施，实现实体正义。② 总体来说，一般程序性理论基础包括法治理论、权力制约理论、人的主体性理论、程序正义理论。

（一）法治理论与程序

近代启蒙思想家洛克认为："政治权力源于个人权利，政治权

---

① 罗豪才主编：《现代行政法制的发展趋势》，法律出版社2004年版，第100页。

② 王万华：《行政程序法研究》，中国法制出版社2000年版，第34—46页。

力应以保护个人自由权利为宗旨，因此，政治权力首先必须是通过既定公开的、有效的法律行使的"。① 第二次世界大战后，尽管学者们提出了不同的法治理论模式，比较有代表性的有自然法治模式、合法性法治模式、形式正义法治模式、全面正义法治模式等，② 但各种法治模式学派都不约而同地将程序作为实现法治的重要保障，并继而提出程序规则是法治目标不可缺少的重要因素。尽管由于法律渊源、法治理念、历史发展等诸多不同，两大法系对于程序给予了不同的定位，相对而言，英美法系较大陆法系更加重视对于程序的价值、应用的研究，但进入 20 世纪以来，两大法系已经出现了不同程度的融合趋势，大陆法系已逐渐放弃了传统的"程序工具主义"理念，越来越重视在行政过程中运用程序规则完成行政行为。这也从另一个角度表明，行政程序对于实现"法的正义性"具有不逊于实体规则的作用，各方当事人通过程序规则的参与，可以更加直观深入地感知实体性规则的合理性、有效性、现实性。比单纯直接运用实体规则进行一次处理的社会实践效果要优良许多。

（二）权力制约理论与程序

"一切有权力的人都有滥用权力的倾向，这是万古不易的一条经验，有权力的人们使用权力一直遇到有界限的地方才休止。"③孟德斯鸠集大成的分权与权力制约思想早已成为政治实践中真理式的共识。不论是以权力制约权力，还是以权利制约权力，程序的作用都日益突出，尤其是在以公民私权利制约行政公权力方面

---

① ［英］洛克：《政府论》，商务印书馆 1964 年版，第 59 页。

② 张文显：《二十世纪西方法哲学思潮研究》，法律出版社 1996 年版，第 614—625 页。

③ ［法］孟德斯鸠：《论法的精神》，商务印书馆 1997 年版，第 154 页。

更凸显作用。私权制约公权主要依靠两种途径：其一，规定公民的人身自由、财产权等消极权利不能为国家权力随意侵犯。政府的职责在于保护人民通过契约委托政府保护的权利，除非有正当和必要的理由，并通过正当的法律程序，国家才能剥夺公民的这些基本权利。正如《美国宪法修正案》第14条所宣称："非经正当法律程序，不得剥夺任何人的生命、自由和财产"。其二，规定公民参与国家事务和社会事务的积极权利，使公民间接、直接参与国家权力的运作，防止权力的独断专行。① 可见，程序规则对于权力与权力、权力与权利之间的相互制衡具有重要作用，尤其是针对行政权的大幅扩张，"国家的权力结构由议会主导向行政主导转变"② 的新模式，程序可以在实体监督逐渐缺位的情况下，承担起更多监督行政运作的责任，通过在行政行为的行使过程中设置若干程序制度，使行政过程公开化、透明化、说理化、正当化，客观上不但起到监督制约行政权的作用，同时也使行政决定的"公共利益"认知大为增强。

（三）人的主体性理论与程序

德国哲学家康德认为：人权里有天生的尊严，任何人都没有权利利用他人作为实现自己主观意图的工具，每个个人永远应当被视为目的本身。另一位伟大的哲学家黑格尔认为：人们应该过一种理性的生活，指出理性的基本要求之一就是尊重他人的人格

---

① 王万华：《行政程序法研究》，中国法制出版社2000年版，第51—52页。

② 许崇德、王振民：《由议会主导到行政主导》，载《清华大学学报（哲学社会科学版）》1997年第3期。

和权利。① 应该承认，对于人权的肯定和保障已经成为 20 世纪以来宪法学和行政法学持续关注的焦点，许多具体制度的设计都围绕对私权利的保障进行设计，尤其是行政救济制度的完善。笔者认为，人的主体性理论在行政权力运作过程中的具体表现之一就是充分肯定相对人的程序性权利。众所周知，在行政行为运行过程中，相对人在实体权利上并不具有与行政主体相抗衡的能力，只有服从以满足行政行为的效力，而在程序权利方面，相对人却具有若干防卫权，如要求行政主体表明身份的权利；陈述自己意见的权利；要求行政主体说明事实及法律依据的权利。相对人早已不再是被行政主体支配的客体，而是与行政主体具有同等权利义务地位的平等主体。因此，程序规则的设立对于保障相对人的实体权利具有重要意义，也顺应了尊重个体意志的"人的主体性"理论潮流。

（四）程序正义理论与程序

1215 年《自由大宪章》第 39 条规定：除非经由贵族法官的合法裁判或者根据当地的法律，不得对任何自由民实施监禁、剥夺财产、流放及其他任何形式的惩罚，也不受攻击和驱逐；1355 年《自由律》规定：任何人，无论其身份、地位状况如何，未经正当法律程序，不得予以逮捕、监禁、没收财产……或者处死。英美法系长期关注程序的理论与实践，普遍认为"程序先于权利"，只要程序设计的恰当合理，程序运行过程透明公开，相同情况给予了相同对待，无偏私，那么不论结果的内容如何，就认为正义已经实现，而且参与其中的各方当事人也能切实感觉到这一点。在

---

① ［美］埃德加·博登海默：《法理学——法哲学及其方法》，邓正来译，华夏出版社 1987 年版，第 71 页。

程序正义理论鼻祖的美国学者罗尔斯看来：程序正义具有三种形态，即纯粹的程序正义、完善的程序正义和不完善的程序正义，并且对纯粹的程序正义情有独钟。① 这就明确表明，在观察某一对当事人权利义务产生影响的行政决定时，不能只关注结果的公正性（事实上结果的公正性也缺乏具体明确的判断标准），更要着眼于产生结果的程序的公正性，通过程序的正当使结果获得正当性，从而获得普遍正义。由此可见，程序绝不仅仅是一种工具，在行政权积极扩张、实体结果正义难以把握判断的实践中，具有独特的自身价值。

二、一般性程序规则

在简单介绍一般性程序理论基础之后，我们具体分析一般性的程序制度到底有哪些？各自具有什么样的独特功能？以期为接下来分析参与式行政中的具体程序规则做铺垫。

（一）行政听证制度

听证制度是行政主体在作出影响行政相对人合法权益的决定前，由行政主体告知决定理由和听证权利，行政相对人随之向行政主体表达意见、提供证据，以及行政主体听取其意见、接纳其证据的程序所构成的一种法律制度。② 一般认为，听证制度的法哲学基础来源于英美普通法中的"自然公正"原则，即排除偏见和

---

① ［美］约翰. 罗尔斯：《正义论》，何怀宏、何包钢、廖申白译，中国社会科学出版社1988年版，第80—83页。

② 姜明安主编：《行政法与行政诉讼法》，北京大学出版社、高等教育出版社1999年版，第269页。

听取对方意见。① 以《美国行政程序法》（APA）为代表，听证程序已成为较为成熟的制度规则，主要包括：（1）告知和通知。告知是行政主体在作出决定前将决定的事实和法律依据以法定形式告知利害关系人；通知是行政机关在召开听证会之前，将有关听证的事项在法定期限内通知利害关系人。两者在行政程序中起着桥梁沟通的作用，对行政相对人的听证权起着至关重要的保障作用。（2）公开听证。听证活动一般应遵循公开方式，除非涉及国家秘密、商业秘密和个人隐私。而且如价格听证等重大事项的听证活动，不应只限于狭义的利害关系人参加，应让社会公众真实了解行政决定的作出过程，从而能有效监督行政活动。（3）委托代理。听证活动类似司法程序，应允许相关当事人获得法律帮助，当事人可以委托代理人参加听证以维护自身合法权益。（4）对抗辩论。针对行政机关提出的决定相关事实与法律依据，相对人可以进行反驳与质疑，从而通过行政机关与行政相对人的对抗式辩论使涉案事实更加清晰，证据更趋真实、可靠，行政决定更趋真实、合理。（5）制作笔录。听证活动应以笔录的形式保存，听证笔录作为最终行政决定作出的唯一依据。

（二）说明理由制度

行政行为说明理由，是指行政主体在作出对行政相对人合法权益产生不利影响的行政行为时，除非有法律特别规定外，必须向行政相对人说明其作出该行政行为的事实依据、法律依据以及

---

① 自然公正原则（Natural Justise）已存在三个世纪，它包含两个基本规则：（1）任何人不应成为自己案件的法官；（2）任何人在受到惩罚或不利处分前，应为之提供公正的听证或其他听取意见的机会。

自由裁量权行使时所考虑的政策、公益等因素。[①] 英国著名行政法学者韦德曾评价说明理由制度："如果公民找不出决定背后的推理，他便说不出是不是可以复审，这样他便被剥夺了法律保护"。[②] 说明理由规则主要包括两部分：一是对行政决定作出的合法性因素进行说明，要详细说明行政行为的主要事实依据、逻辑规则以及法律依据（包括涉案的全部法律规则、法律规则冲突时选择本案适用规则的理由）；二是对行政决定作出的合理性因素进行说明，对于自由裁量权行使时涉案事实的认定、筛选，法律规则的选择，不确定法律概念的认识等进行说明。

（三）信息公开制度

信息公开制度是指行政相对人在没有法律禁止性规定的情况下，有权通过预设的程序获得参与行政活动、维护自身合法权益的各种信息资料，行政机关提供该信息是一种义务，无正当理由不得拒绝。信息公开制度的建立是现代行政民主、公开这一法治精神发展的直接结果。美国于1966年《信息自由法》建立了行政程序上的信息公开制度。[③] 信息公开制度的核心要件有二：其一，必须明确行政信息公开的范围。包括政府主动公开的范围和相对人申请公开的范围。信息公开的范围直接关系到行政相对人程序权利的大小及能否有效参与行政程序的问题，法律应进行列举规定保密事项，除此之外相对人都应有权获取。其二，对信息公开权利的救济制度。对于某项信息是否属于公开的范围、公开的方

---

① 姜明安主编：《行政法与行政诉讼法》，北京大学出版社、高等教育出版社1999年版，第274页。

② ［英］威廉·韦德：《行政法》，徐炳译，中国大百科全书出版社1997年版，第193页。

③ 王名扬：《美国行政法》，中国法制出版社1995年版，第953页。

式以及信息公开中出现的其他争议，行政相对人享有救济权，"有权利就应有救济"，信息公开也不例外。相对人有权提起行政诉讼和复议。应该说，信息公开制度是现代行政程序中保障行政相对人有效参与国家和社会事务管理的前提，因为如果公民对政府信息一无所知，是没有参与行政的能力和热情的。那也就谈不上运用信息公开监督行政、维护私权的行政程序基本目的之实现。

（四）审裁分离制度

审裁分离制度是指行政主体的案件审查职能和案件裁决职能，分别应由内部不同的行政机构或行政人员来行使，以确保行政相对人的合法权益不受侵犯。① 审裁分离制度的基本法理是源于分权理论。要保证行政决定的作出无偏私，其前提是防止调查案件的人去裁决案件，尽管案件调查人较为熟悉案件，由其进行案件裁决可能会节省行政成本、提高行政效率，但是相比较以所调查的案件事实证据先入为主地作出对相对人不利的行政判断而言，保证决定的公正性价值超越了维护行政效率的价值，成为首要选择。而且，从裁决程序的基本构造来看，必须由三方构成，居中裁决者应是超然的第三方。如果行政决定的调查者和裁决者合一，那么行政相对人的权利保障事实上成为不能，至少会产生合理的怀疑。因此，审裁分离制度不仅体现了内部的权力分立和监督，更重要的是对外部行政相对人的保护具有实质意义。

（五）回避制度

行政程序中的回避是指行政机关的公务员在行使行政职权过

---

① 姜明安主编：《行政法与行政诉讼法》，北京大学出版社、高等教育出版社 1999 年版，第 273 页。

程中，因其与所处理的法律事务有利害关系，为保证实体处理结果和程序进展的公正性，依法终止其职务的行使并由他人代理的法律制度。[①] 回避制度与听证制度都源于英国普通法上的自然公正原则，"任何人都不得在与自己有关的案件中担任法官"[②]，程序设置中引入回避制度是回应社会公众，尤其是行政利害关系人对行政决定结果追求争议性的心理需求。程序公正的第一要义应是程序的主持人应与程序产生的最终结果没有任何利害关系，否则，人们有理由相信，程序主持人会利用掌握程序运行的优势地位作出对己方有利的裁决。因此，回避制度的核心价值在于确保法律程序的公正性，树立起利益冲突的各方当事人运用程序的信心。

三、公众参与行政的程序价值

上文简单介绍了行政程序的基本制度，那么，针对参与式行政的具体操作领域，有哪些需要重点考虑的程序思路？有哪些需要特别设计的程序规则？又有哪些值得关注的细节？

上文已述，公共参与式行政在行政过程中不仅是必要合理的，而且是完全可行的，因为行政过程往往都是和个体公民生活最为密切的领域，一旦公民可以毫无阻碍地实现在行政领域的参与权，一个"参与式"的社会就会良性运行，这正是民主的实际表现。因此，民主既是一种静态的制度安排，但更重要的是，它也是一种动态的过程，一种生活方式。[③]

---

① 姜明安主编：《行政法与行政诉讼法》，北京大学出版社、高等教育出版社 1999 年版，第 271 页。

② ［英］彼得·斯坦：《西方社会的法律价值》，中国人民公安大学出版社 1990 年版，第 97 页。

③ 王锡锌：《公众参与和行政过程——一个理念和制度分析的框架》，中国民主法制出版社 2007 年版，第 15 页。

但是，我们应该注意到：一方面，公众参与是强调民主特性的，让最广大的社会公众对国家事务进行介入，不再简单地成为被管理者，而是对可能影响自己权益的公共决定进行参与和评价；另一方面，行政过程是强调高效快速的，任何行政事务都必须保障行政效率的实现，在公正与效率的价值冲突中，行政往往选择效率，很多具体行政制度的创设也是依据"效率规则"来确定的。如行政"效力先定"的特性。那么，当公众参与进入到行政领域成为参与式行政时，当两种价值取向碰撞到一起时，我们应该如何取舍？很明显，兼顾二者的想法固然很完美，但在现实中很难做到。如当大规模公众参与实现时，大量民众积极表达参与的愿望并提出具体的操作内容，每一个参与主体都希望自己提出的方案成为或最接近于最终形成的行政决定，此时，收集方案、提取信息、进行分析筛查、衡量各种利益诉求等事项将成倍增加，必然会大大降低行政效率。而且一旦相对人发现最终的行政决定与自己的利益不符，可能会就此丧失下次参与行政的热情，这样既没有保证行政效率，也没有发挥参与的民主优势。导致"双输"（Two－lose）的局面。长此以往，甚至会影响到参与式行政的创设动因。使公众和行政主体都对公众参与的效果产生怀疑。

因此，我们必须回答在效率与民主的价值冲突中，如何选择？如何取舍？笔者认为，公众参与式行政作为回应行政新时期"政治化过程"特点的产物，更应该追求民主的价值目标，相较而言，效率目标退为第二位的价值选择。这是因为：

其一，公众参与体现了政治化过程的特点。

"政治化过程"本身体现了一种利益的平衡与博弈，典型的体现"政治化过程"的权力模式就是立法权，立法活动中各种利益纠结并存，而规则只有一个，其中必然会存在利益取舍的问题。而立法能做的就是寻求代表最大多数人利益的公共利益，尽管可能出现"公共利益模糊化"及"多数人统治"这样尴尬的问题，但是追求规则的公共利益属性自始至终都是立法活动追求的目标，而要实现此目标，价值取向一定是偏向民主而非效率，一定是向往公正而非迅速。那么，公众参与式行政与立法活动之间有什么相似性或联系么？分析立法活动"政治化"的特性对于参与式行政有何借鉴意义？我们不难看出，公众参与式行政正是为了解决立法对行政控制不能的困境应运而生的，立法授权的"概括化"、"模糊化"，客观上造成了行政委任立法的大量出现，行政自由裁量权的泛滥，单纯靠立法领域的民意表达、公众参与已不能够满足对行政事项的立法监督和制约。因此，将"类立法"式的公众参与引入到行政领域中，可以被视为立法活动模式的一种延伸，在短暂的立法活动之外，公众的参与权不应总是处于"休眠"状态，应该有释放和发挥的空间。所以，我们认为，由于公众参与式行政的类立法模式特性，它更加具有民主化的倾向，应该将最大效能的反映民意作为首要目标。

其二，公众参与中利益组织化的表现。

公众参与在某种程度上是以民主理论作为基础的，表达了民主制对于官僚制的对抗回应。[①] 主要适用于公共行政过程的公众参与，在参与的主体方面不仅是个人的参与，而且包括组织的参与。通常，组织的参与更是常态。相比较分散的、未经组织的利益而言，组织化的利益更能够对行政决定和政策的制定产生有利影响。因此，分散的利益也通常进行动员实现组织化，以期能够在公众参与过程中获得更多的发言权。可以说，利益组织化是公众参与制度赖以维系和有效运转的社会组织基础。在这样的共识下，公

---

① ［美］詹姆斯·菲斯勒、唐纳德·凯特尔：《行政过程的政治：公共行政学新论》，陈振民等译，中国人民大学出版社2002年版，第3页。

众参与如果还是以追求效率价值为主导，显然是与利益组织化的本质相悖的。因为利益的协调、组织、沟通、实践，显然是以追求更大公平为取向的。同时为了防止"管制俘获"①，改变行政过程参与的结构性不平衡，有些国家还专门设置了"公益代理人制度"，为未经组织化的分散的个体利益做代表。如美国的公共利益代理人制度中由司法部经济机遇办公室代表未被组织化的穷人的利益。可见，这些制度的创设都是为了保证公众参与的公平性、民主性，而绝不是为了追求迅捷的效率。如果是为了效率的提高，那么利益不进行组织化是最优的选择，至少不会在规则创设上为利益的有效组织化创设有利条件。

其三，公众参与中信息公开化的要求。

在个体参与公共行政的过程中，参与方对于有效行政信息的拥有和掌握，是有效和富有意义的公众参与的基础，是决定公众参与质量的关键所在，参与方的认知能力、学习能力、行动能力都依赖于基础信息的掌握与控制。在信息匮乏或不对等的情况下，公众参与方将失去参与的热情及认知、评价的能力，整个公众参与最终将沦为"走秀"。信息资源最大的特点在于其共享性，政府行政过程中的信息对于社会而言，是一种"公共物品"。据有关统计，我国各级政府部门掌握着近90%的社会资源和数据库。② 信息公开不单只是公民知情权的体现，更成为政府部门的一项义务。那么，就信息公开制度看，它具有"双刃剑"的作用，一方面，

---

① 管制俘获，表现为在行政决定和政策制定上行政机关更多的偏向于组织化的利益，组织化的利益运用其资源优势持续地向行政机关施加影响，导致行政处理表现出对被管制利益持续的、固执的偏爱。管制俘获也可能的另一原因是由于被管制利益与行政机关自身利益的密切相关性。

② 周汉华：《WTO 与我国政府公开法律制度完善》，载《国家行政学院学报》2000 年第 5 期，第 82 页。

大量信息的公开会使参与各方的信息获取量增大，双方的信息沟通更加顺畅，从而能在一定程度上提高行政效率；另一方面，信息的公开本质上还是顺应民主的潮流，公开的目的是为了更加公正。由此看来，公众参与中信息公开制度的首要价值追求仍然是公正民主，效率性只是在结果意义上的附带性目的。否则，不公开信息或公开部分信息，使大多数参与方在不能全部掌握行政信息的情况下进行公众参与，他们无法质疑、评价行政过程，导致行政决定成为行政机关的"一言堂"，那样无疑是最节约行政成本的，行政效率也达到最大化。可是这样明显违背了信息公开规则设置的初衷。

其四，公众参与中合意模式的必然选择。

行政行为是否一定是以强制力为后盾的公法行为？传统大陆法系的"行政权不可处分性"是否一定不能逾越？行政机关是否能够与相对人进行一定程度的合意、协商、和解？这样的合意行为是否意味着对于行政公共利益代表人身份的放弃？

以美国的 ADR（Alternative Dispute Resolution）为代表的替代性纠纷解决办法为行政过程的运行提供了一个新的思路。ADR首先作为一种民事纠纷解决方法获得了巨大成功，继而于 1990 年被引入行政领域。1990 年，美国国会通过了《行政争议解决法》（Administrative Dispute Revolution Act），该法的目的是"授权和鼓励联邦行政机关适用调解、协商、仲裁或其他非正式程序，对行政争议进行迅速的处理。"[①] 国会认为，行政程序已变得越来越正式、昂贵和漫长，这导致了不必要的时间耗费，也使合意基础上的争议解决越来越不可能。而替代性解决方式将为行政决定带来更具创造性的结果。ADR 最常用的有和解、调解、小型审判、仲

---

① 5. U. S. C. A. , pp. 571 – 583.

裁等方式。

那么，在公众参与中能否运用这样的替代性解决方式？为什么运用合意性的替代纠纷解决方式表明公众参与行政程序的民主化价值取向？其实近年来，学界已经发现合意性行政并不存在理论上的障碍。传统行政权不可处分性的观点并不是不能突破的。① 而且在实践中，也大量出现合意性的行政过程，如据最高人民法院研究室统计资料表明，1990 年至 1999 年，行政机关申请执行具体行政行为的案件数目大量增长，但实际强制执行的比例相当低，只占申请总数的 12.25%；相反，自动履行和执行和解的比例却相当高，占申请总数的 73.98%。② 由此看来，合意性行政方式早已成为实践中的常态。那么，在公众参与行政领域引入合意式行政是否具备合理性？我们认为，公众参与行政过程本身就是主体多元化参与的体现，参与各方的意志明确表达，相互沟通交流，继而达成共识，可以说，公众参与行政本身就契合合意行政的特点。建立在合意基础上的公众参与不仅更具有正当化，而且更容易得到接受和执行。更根本的意义上，合意行政还意味着一种公权力对个体私权利的放松控制。③ 体现了对于个体主体性地位的尊重。

那么，在公众参与式行政中引入合意机制，其价值取向是民主优先抑或是效率优先？毫无疑问，合意的形成对于尽快的定纷止争、稳定秩序具有一定作用，节约了行政成本，符合行政经济

---

① 关于合意行政的具体理论分析，将在下文"参与式行政中的协商合意制度"中进行详细论述，此处不再赘述。

② 刘莘：《行政法热点问题》，中国方正出版社 2001 年版，第 87 页。

③ 参见美国行政会议 1988 年的《公共项目，私人决定者》报告。Bruff, "Public Programs Deciders: The Constitutionality of Arbitration in Federal Programs", ACUS, Office of the Chairman, 1988。

原则，客观上也加速了行政效率。但是更值得注意的是，合意在充分尊重个人主体性地位的前提下存在，在充分意思自治的前提下运行，在"自由裁量权的行使中通过私意的介入使自由裁量权更加理性化"①，这些都体现出民主的价值诉求。如果仅仅为了单方面的行政效率提高，那么传统以强制性为代表的消极行政最能体现，加入合意机制后如果运行成功则可能提高效率，但更多情况下，是产生拉长行政时间、降低行政效率、提高行政成本的后果。

经过上文的基本思路分析，我们得出以下结论：在公众参与式行政中，程序规则的设计首要考虑民主公正性，其次兼顾行政领域的效率，以体现作为新兴行政领域的民主参与方式的基本理念。由此，我们在接下来的具体程序制度设计中，要特别关注对于公众参与式行政中基本参与权的保障、便民规则的设计、参与不能的救济等相关问题。

综上所述，公众参与与程序规则是解决传统行政"传送带"模式的两剂良方，实际上不难看出，这两者本身是可以融合的、一致的，公众参与囿于多种因素不可能产生统一的实体性规则对行政进行规制。公众参与的核心制度就是一系列的程序规则，程序控制是公众参与的主要模式。②

以上简要分析了公众参与对于解决传统行政模式局限性的实际效用，这也成为公众参与存在于行政活动中的基础性理由。另外，学者谢立斌也从宪政角度对公众参与的宪法基础与价值功能做了精辟的分析，指出"在从夜警国家转为福利国家的过程

---

① 王锡锌：《自由裁量与行政正义：阅读戴维斯〈自由裁量的正义〉》，载《中外法学》2002年第1期，第45页。

② 裴娜、于成：《"公众参与式"行政程序法制度之价值考量》，载《经济研究导刊》2012年第11期。

中……需要承认自由权的程序参与功能，即公民在其自由权可能受到行政决策侵犯时，有权参与决策程序。"① 这种观点实际与本文公众参与解决"传送带"理论的价值功效颇具相似性。

第三节 城乡规划领域公众参与机制的价值体现

以上阐述了一般行政活动中公众参与的价值和功能，那么在城乡规划行政活动领域，其公众参与的特殊必要性及价值何在？其呈现出哪些不同于普通行政活动领域的特色？要分析这些问题，首先必须说明城乡规划行政活动具备怎样的特殊属性，然后才能够针对这种特殊属性分析其公众参与的独特价值。

一、城乡规划行政活动的特殊属性

（一）高度技术性

相比其他行政活动，城乡规划行政行为呈现出极为强烈的专业性、技术性特点。城乡规划行政行为涉及建筑、地理经济、环境等多学科的知识，关系到土地资源、空间布局、公共设施等各方面的综合知识运用。需要利用各种先进的技术作为分析和决策的工具。可以说离开了这些知识和技术所搭建的平台，城市规划便无法进行。城市规划从诞生之时，便被赋予了浓厚的技术性色彩，没有专业性的规划知识是不可能做好城市规划工作的。② "城

---

① 谢立斌：《公众参与的宪法基础》，载《法学论坛》2011 年第 4 期。
② 陈振宇：《城市规划中的公众参与程序研究》，法律出版社 2009 年版，第 59 页。

乡规划是一项专业性较强的公众决策，需要满足各类技术规范标准。"① 因此，城乡规划首先是规划师的规划，是规划师运用专业知识编制的城市蓝图。

(二) 未来导向性

城乡规划行政活动是一种典型的未来导向性行政行为，其法律效力在制定当时并未体现，而是在实施过程中甚至于实施完毕后才逐渐发生。城乡规划一般意义上都不是即时生效的行政行为，或者说城乡规划法案是即时生效的，但是其具体规划内容往往是延后发生实际效果的。这种未来导向性客观上也为城乡规划的监督救济带来了些许困难，因为在制定当时的"无关痛痒"，导致实施效果发生后的"追悔莫及"，而城乡规划的行政行为往往涉及城市建筑、街道功能设计等方面，这些内容即使被司法救济也往往会成为不可撤销，只能确定为违法的行政行为。

(三) 广泛的裁量性

自由裁量性原本是一般行政行为的现代属性，从警察行政国家步入福利行政国家之后，政府逐渐褪去了"守夜人"的角色，而成为无所不在的社会公共利益守护者，于是自由裁量权构成了现代行政权的核心内容，几乎可以说没有裁量就没有行政，有学者甚至认为"行政法被裁量的术语统治着"②。K. C. Davis 认为，行政决定涉及三个因素，即发现与认定事实；适用法律；作出相应的决定。这三个因素都不可能离开执法者的价值判断，于是行

---

① 罗鹏飞:《关于城市规划公众参与的反思及机制构建》，载《城市问题》2012 年第 6 期。

② Koch, C. H., Judicial Review of Administrative Discretion, George Washington Law Review, Vol. 54, No. 4 (1986).

政裁量的存在是不可避免的。①

而对于城乡规划行政行为而言，尽管其科学理性的特点使其在技术层面具有选择的唯一性，但是城乡规划已经成为一项行政行为，具备政治活动的属性，技术性成为附随的、第二位的属性。而且，恰恰是由于这样的技术背景，其自由裁量的运用相较一般行政行为更为频繁。这是因为：（1）城乡规划具备高度的专业性、技术性特征，立法机关基本没有能力进行羁束规制；（2）城乡规划具备的未来导向性特征会突破立法的前瞻性范畴，使得立法只能进行概括授权和模糊授权，从而留下大量的自由裁量空间；（3）城乡规划往往会受许多因素的合力影响，社会、经济、政策、自然环境等都会对其产生重大影响，不确定因素较多，经常会发生修改与变化，因此也不适宜于羁束控制。

（四）政治政策性

政治政策性是城乡规划进入 20 世纪凸显的特性，早期城乡规划往往只被认为是一种技术性手段，或者是一种行政职能的履行，很大程度上是一种工具主义观，而没有将其上升为具有政治政策调节的层面。按照古德诺的"政治—行政"两分法②的观点，城乡规划已经具备了政治调解的功能。这是因为：城乡规划涉及多种城市资源的分配与再分配，尤其是稀缺的土地资源，规划的内容会牵涉到多方利益群体的权利与义务，往往要在不同的利益之间进行衡量和取舍。这已经脱离了单纯的行政执行功能，具有了

---

① 参见王锡锌：《自由裁量与行政正义——阅读戴维斯〈自由裁量的正义〉》，载《中外法学》2002 年第 1 期。

② 古德诺认为国家职能分为政治和行政两种职能，政治是意志的表达，而行政是意志的执行。参见［美］弗兰克·J. 古德诺：《政治与行政》，丰俊功译，载彭和平等编译：《国外公共行政理论精选》，中共中央党校出版社1997 年版，第 30 页。

政治活动的利益判断、价值选择的新功能。确定规划用途的过程便是一个价值选择的政治性过程，需要去协调不同的利益诉求以"形成合意"。在城市规划的过程中，这样的价值选择随时都有可能发生。所以在某种程度上，规划就是政治。①

二、城乡规划领域公众参与的独特价值

（一）特殊利益需求

城乡规划领域相比较于普通行政领域，具有特殊属性。其实仔细分析这些特性，都是基于城乡规划所涉及的利益基础而产生的，规划是调整城市空间布局的，必然要涉及土地、交通等城市功能，而这些内容的变化不可避免地会对私人的财产权利产生影响。如在商品房制度背景下，土地使用权价值会随着配套设施、轨道交通等规划内容增值或贬值，相应的地上房产也会相应增值或贬值。"无论是城市扩张，还是老城复兴，住宅都是一个社会在任何时期建设中最基本又最关键的内容。"② 城市规划的制定和调整一定会影响商品房所有权人之财产权，"他人无权干涉你的生活和你取得并持有财产的自由。"③ 这种财产权利的被影响使得公众参与成为必要，公众通过规划中的意见表达力争使财产价值全权实现。这一点是毋庸置疑的。

另外，更为重要和关键的是，城乡规划所调整的利益范围并不仅仅限于财产权范畴。城市是市民共同生活的空间，规划是对

---

① 孙志涛：《对美国城市规划的一些认识——访美国伊利诺斯大学张庭伟教授》，载《国外城市规划》2004 年第 1 期。

② ［法］米歇尔·米绍等主编：《法国城市规划 40 年》，社会科学文献出版社 2007 年版，第 6 页。

③ 纪念美国宪法颁布 200 周年委员会编：《美国公民与宪法》，劳娃、许旭译，清华大学出版社 2006 年版，第 7 页。

这个共同空间的调整。从这个角度考察城乡规划之公众参与，会发现公众所要表达的不只是自身财产权保障的部分，还有如何进行规划可以更好地使城市空间有利于公众的生存与发展。这是区别于一般财产利益的另一种利益，称之为"发展权"也好，"空间财产权"也好，总之不能被一般财产权的范畴所包含。

它在大多数情况下表现为财产权，但是也不仅限于财产权范畴。无论如何，这两种权利在城乡规划进程中不可避免地会被触碰到。有权利就要存在表达的渠道，如果城乡规划过程中缺失了利益表达的途径，那么这些利益将会以别的可能的方式进行诉求。这样不仅会给城乡规划行政活动造成负面影响，还可能会影响整体社会之"和谐"运作。因此，必须在城乡规划中设置一些表达的方式方法，而公众参与正是这样的方式方法之一。

因此，城乡规划调整的两种利益主张，尤其是后者的特殊性，使得公众参与规划成为重要且必要的内容。

（二）特别功能

以下针对城乡规划的特殊属性，分析在城乡规划领域引入公众参与模式的特别功能。

1. 针对城乡规划的专业技术性

针对城乡规划的专业技术性，公众参与可以很好地避免"专家俘获"情形的出现，即规划师或规划专家运用自身具备的规划专业知识操纵城乡规划，以城乡规划为载体，借专家之名行谋利之实，尤其当专家与某些利益集团成为利益共同体时这种情形愈加突出。此时，公众对于城乡规划的参与与介入一定程度上可以防范"专家俘获"，尽管普通公众并不具有专业性、技术性知识，但是基于信息公开的程序要求至少会增加规划编制和实施的透明度，通过程序规则的制约对规划过程进行一般性控制。而且从另一个角度看，现代城乡规划为了获得更高程度的接受度和更广泛的支持，早已经不再是大众看不懂的"天书"，规划师应力求使规划的编制至少能够使一般心智水平的公众了解。

2. 针对城乡规划的未来导向性

针对城乡规划的未来导向性，引入公众参与显得尤为必要。这是因为，未来导向性本身就是普通公众在事后对规划具体影响有所感受，在规划制定过程中可能公众并未察觉到规划于己的利害关系。因此，让公众对城乡规划在最初制定阶段，甚至更早的阶段就进行参与和介入，对于保障公民的基本权利不受侵犯、预防事后的救济不能，具有重大深远的价值。美国在20世纪60年代提出的城乡规划领域"尽早和可持续参与"①的理念也证实了这一点。

3. 针对城乡规划的广泛裁量性

针对城乡规划的广泛裁量性，同样也需要公众参与进行规制。"行政机关处理同一事实要件时可以选择不同的处理方式，构成裁量。法律没有为同一事实要件只设定一种法律后果，而是授权行政机关自行确定法律后果，例如设定两个或两个以上的选择，或者赋予其特定的处理幅度"。② 自由裁量"主要服务于个案正当性"③，自由裁量并不是无限度的"自由"，仍然要遵循最基本的程序性规则，公众参与的基本制度，如听证、信息公开、说明理

---

① "尽早和可持续的参与"理念始于1973年的俄勒冈州规划立法，现在已经成为美国乃至全世界城乡规划领域公众参与的基本准则。详细内容参见本文第三章比较研究的部分。

② ［德］哈特穆特·毛雷尔：《行政法学总论》，高加伟译，法律出版社2000年版，第125页。

③ ［德］哈特穆特·毛雷尔：《行政法学总论》，高加伟译，法律出版社2000年版，第127页。

由、告知等恰恰体现了这种基本程序制约，如果没有这样一系列的公众参与制度，行政机关将可能无所顾忌的进行城乡规划的制定、实施、修改，而冠冕堂皇地冠之以自由裁量权之行使。可以说，公众参与正是预防城乡规划自由裁量权泛滥的有效武器。

4. 针对城乡规划的政治政策性

针对城乡规划的政治政策性，公众参与同样具有重大价值。"城市规划天生就是一个规范性、政治性活动。"① 规划体现的政治过程实际是利益博弈的过程。规划的政治性也是利益多元化的产物。在利益多元化的背景下，如果普通公众不能平等、有效、持续地参与到规划的制定和实施中，那么大的利益集团将可能直接或间接掠夺普通公众的利益，使城乡规划沦为利益集团牟利的工具。因此，在利益纷繁复杂、多元化的城乡规划领域，实现与加强公众参与是适应规划政治化的的迫切要求。

这里，我们再回头分析城乡规划行为的四大特点，从根本意义上说，未来导向性、广泛裁量性以及政治政策性这三项更体现出现代城乡规划的突出特征，而高度技术性这种城乡规划固有的特征恰恰是为这三个特征服务的。这是因为：这三项特征本身是由于城乡规划显现出的利益多元化状态所导致的，由于规划涉及不同群体利益的调节与分配，所以城乡规划显现出政治政策性；由于规划中利益的种类繁多，"公共利益"难以确定和判断，因此立法机关只能进行宽泛授权，规划机关利用技术优势自行判断，从而掌握了较多的自由裁量权；而由于利益群体与规划的关联往往具有滞后性，表现为规划制定和实施后才逐渐对利益相关主体产生影响，因此规划的效力具有未来导向性。所以，可以说利益

①　［英］尼格尔·泰勒：《1945 年后西方城市规划理论的流变》，中国建筑工业出版社 2006 年版，第 88 页。

多元化可以涵盖其他的特征表象而成为城乡规划的本质属性，而此种利益多元化与一般行政行为之利益多元化还有所不同，它又是一种滞后的、技术的、裁量的利益多元化。

其实，美国著名行政法学者斯图尔特在其名著《美国行政法的重构》中，早已构建了以程序本位的"利益代表"模式，并将此作为行政权合法性的基础。这正是针对类似城乡规划这种具有高度技术性、滞后性和裁量性的利益多元化领域而谈的。"利益代表"模式的基本理念是将行政决定的决策理性从实体问题的精确，转移到相关利害关系人公平参与行政程序上，希望通过参与所达到的程序理性结合民意与专业，使行政决定取得正当化基础。在"利益代表模式"下，司法审查的主要目的不再是防止行政对私人的侵犯，而是确保所有受影响利益在行政决定的过程中得到公平的代表，法院不再介入实体的政策性争议，而是对程序进行全面审查。①

因此，我们应看到，在城乡规划领域的公众参与不但成为必要，而且为了顺应这种需要，使普通公众更好地实现参与，利益组织化的需求也应运而生。这是因为：公众参与在某种程度上是以民主理论作为基础的，表达了民主制对于官僚制的对抗回应。②在参与的主体方面不仅是个人的参与，而且包括组织的参与。通常，组织的参与更是常态。相比较分散的、未经组织的利益而言，组织化的利益更能够对行政决定和政策的制定产生有利影响。因此，分散的利益也通常进行动员实现组织化，以期能够在公众参与过程中获得更多的发言权。可以说，利益组织化是公众参与制

---

①　［美］理查德·B.斯图尔特：《美国行政法的重构》，沈岿译，商务印书馆 2011 年版，第 120 页。

②　［美］詹姆斯·菲斯勒、唐纳德·凯特尔：《行政过程的政治：公共行政学新论》，陈振民等译，中国人民大学出版社 2002 年版，第 3 页。

度赖以维系和有效运转的社会组织基础。[①]

第四节 城乡规划公众参与
负面评价之回应

上文已述，"目的的设定和选择，本身就侵润着价值观念和价值评判的精髓，目的实现着价值。"[②] 公众参与除了在一般行政行为领域存在独特价值外，在城乡规划领域的各个环节也存在特殊价值和必要性，而这也是与城乡规划领域利益多元的根本属性相适应的。

但是，我们也应看到，事物的发展是具有两面性的。随着公众参与在城乡规划领域的出现和发展，对其负面评价也逐渐产生。有学者在肯定公众参与城乡规划具备积极性的前提下，指出其否面效应。实践已经证明，公众参与制度有益于规划质量的提高与公益的保障，但这不意味着在任何时候、采用任何方式，对任何城市规划的编制都能够产生积极的效果。西方国家自 20 世纪 60 年代中期推行"新公民参与运动"以来，也受到来自各方的批评与反对，批评者认为，公众参与主体的知识水平、性质以及参与程序的有效性将直接影响到公共政策的质量。[③]

一、城乡规划领域公众参与的负面效应分析

具体而言，城乡规划领域中公众参与否面效应表现为以下几

---

① 裴娜、于成：《"公众参与式"行政程序法制度之价值考量》，载《经济研究导刊》2012 年第 11 期。

② 马怀德主编：《行政诉讼原理》，法律出版社 2003 年版，第 60 页。

③ 陈庆云：《公共政策分析》，北京大学出版社 2011 年版，第 10—11 页。

个方面：

（一）专业性与公众参与之间的矛盾

城市规划是一项专业性较强的公众决策，需满足各类技术规范标准。公众受制于专业知识限制，一般很难完全理解规划中所包含的专业信息，对于城市规划，公众能否提出意见或者能否提出有价值的意见需要打上问号，如果一味高度地引入公众参与，则规划的时效和质量都将受到挑战。因此，对于某些规划项目来说，较低程度的公众参与或者没有公众参与反而效果更好。

（二）缺乏利益组织化对公众参与的影响

参与规划的各成员代表着不同的利益团体，其中既有强烈要求参与决策的所谓"精英人士"，也有出于各种原因而参与的普通市民，由于各成员在文化素质、职业背景、价值观以及参与目的、立场和话语权等方面存在差异，影响偏弱、知识水平不够、参与意识不强的大多数普通市民则可能成为参与规划决策利益团体中最无足轻重的一方，从而导致最终的规划方案可能远远不同于最能够反映公共利益、实现城市公共资源最优化配置的方案。

（三）公共利益的难于确定对公众参与城乡规划的制约

"各种形式的限制私有财产权的活动都可能被称为公共利益的需要。由此使得'公共利益'成为一个高度抽象、难于确定、易生歧义的概念。"[1] 任何一个规划项目都有其自身的涉及范围，由

---

① 石佑启：《私有财产权公法保护之路径选择与制度设计》，载中国法学会行政法学研究会编：《修宪之后的中国行政法——中国法学会行政法学研究会 2004 年年会论文集》，中国政法大学出版社 2005 年版，第 189 页。

于涉及范围的不同，就会对公众造成不同的影响，规划参与者的性质也会对参与效果造成不同的影响。一般情况下，公众只会对某些问题产生强烈兴趣，或是该项规划政策涉及其切身利益时，他们才会主动投入到政策制定过程中。如一般老百姓所关注的多是自家居住环境的改善、周边交通的便捷、服务设施的配套、地区改造拆迁等问题，而对涉及区域或城市层面的结构布局、建设强度等全局性问题则不会投入过多关注。①

这样在规划编制中就会出现两个问题：一是在编制城市总体规划、概念规划等宏观性规划时，公众参与的深度、广度，明显不如控规和具体的选址规划；二是在编制控规和选址规划时，由于目前的公众参与多为被动性参与，导致私益与公益区分不清。

因此公众参与的数目多少、组成如何、哪些是利害关系人、哪些代表广大公众、哪些仅代表个体或特殊利益团体，这些问题都需要规划编制方在开展公众参与、整理和吸收各类意见前给予充分考虑。如垃圾中转站、变电站、公厕这样的专项规划，其选址布局往往需要根据城市的整体安排进行通盘考虑。"公益的内容必须弹性地由社会、国家法秩序的价值概念决定。"② 这样，虽然在具体方案公示中所提出的大部分意见都是来自拟选址周边市民的反对意见，但对于一项事关更大范围的公共利益的规划而言，市民们的意见合理与否还有待商榷。

---

① 孙施文：《城市规划不能承受之重——城市规划的价值观之辩》，载《城市规划学刊》2006 年第 1 期。

② 参见城仲模：《行政法之一般法律原则（二）》，三民书局 1997 年版，第 156—158 页。

（四）公众参与的民主性与城乡规划的效率性之间的冲突

在经济全球化和区域一体化的形势下，城市间的竞争日趋激烈，所处的环境和面临的局势瞬息万变，规划必须紧紧跟上城市发展的步伐，规划必须高效率。"而开展公众参与，将动用规划管理、设计及相关职能部门的人力、财力、物力等资源，从政府科学管理的角度看，这有可能导致政府行政管理活动的拖延，进而不利于政策目标的达成。如果没有好的程序和政策供各参与主体在开展规划编制时执行，没有好的组织机制供各方实现有效沟通的话，即使该项规划在技术规范、法律法规等方面是完美无缺的，其规划质量和绩效也都难以得到有效保证。"①

二、公众参与负面效应的回应

总结上述城乡规划领域公众参与的负面效应，无非考量以下四点：专业性、利益缺乏组织化、公共利益模糊化、效率价值的受损。

（一）专业性与利益组织化的问题

专业性与公众参与的关系在上文已经论述，专业性不能成为阻碍公众参与的理由，在此不再赘述。利益缺乏组织化导致公众参与城乡规划的能力受损、程度不高，这只是公众参与过程需要完善的内容，是一种方式的改进或提升，而不能就此否定公众参与存在的制度基础。也就是说，利益组织化缺乏是怎样改进公众

---

① 罗鹏飞：《关于城市规划公众参与的反思及机制构建》，载《城市问题》2012 年第 6 期。

参与城乡规划的方式问题，是"怎么办"，而这里探讨的是城乡规划中公众参与的价值所在和必要性问题，解决的是"为什么"。两者不是一个层面的探析。

所以，以下分别就公共利益模糊化、效率价值的丧失对公众参与规划的影响进行分析。

（二）公共利益概念模糊化与公众参与城乡规划的关系

"众多权利都是以捍卫个人自由的名义而提出的，但其实现却有赖于确保公共利益的社会背景。没有公共利益作支撑，这些个人权利将无法实现其既定目标。遗憾的是，由于这些公共利益存在所营造的背景如此自然，以至于它在保障个人权利所实现的目标时作用被模糊了，人们经常对此视而不见。"[①] 首先，这里必须讨论的两个问题是：（1）"公共利益"本身是一个极为模糊的概念，没有客观标准可以直接认定，如何进行把握？（2）即便行为符合公益的目标得到有效证明，目的正当行为就一定合法有效吗？是否会出现"为达目的，不择手段"的情况？

笔者认为，这两个问题具有关联性，通过比例原则的运用可以较圆满的予以回答。比例原则为德国法首创，具体包括：（1）适当性原则；（2）必要性原则；（3）狭义比例原则。其中前两项原则，一是列举符合目的要求的各种手段，二是要求选择最温和手段达到目的，两者均未超出预设的目的统辖之下；而狭义比例原则是指在选择损害最小手段后，就其产生的负面效果与欲达成目的加以比较，是否二者之间显然不成比例，则甚至可放弃原来手段的采取，亦即，放弃先前之目的。[②] 此原则通过考察手段实现的目的价值与造成的

---

① See Joseph Raz: The Morality of Freedom, The Clarendon Press, p. 198.

② 翁岳生：《行政法》，中国法制出版社 2000 年版，第 1153 页。

负面价值之间的得失，进而判断原先的目的是否代表公益。因而超出预设目的的统辖，上升为价值之间的取舍，成为比例原则的精髓。笔者认为，比例原则亦可解决上述两个问题。首先，运用适当性原则与狭义比例原则对公益进行判断，即在城乡规划作出前，对涉及的各种利益进行斟酌，对可达目的的各种手段进行比较和衡量。一旦某种手段产生的损失利益大于行为所获得的利益，则不能认为该行为手段是符合公益的，此时需要保护的损失利益上升至更贴近公益的位置。其次，在衡量了公益的具体内容之后，必须强调程序正义，运用必要性原则，选择符合公益目的的最温和手段完成行为。

由此可以看出，比例原则揭示出公益判断和实现公益手段两个问题的内涵，事实上已经成为行政法的一般原则。对于公众参与城乡规划的行为同样具有适用性。公众参与是一种手段，本质上是通过一般公众对城乡规划的制定、实施发表意见，提出主张而达成的。因此既是手段方式之参与，亦是内容之参与。而内容上进行公众参与的判断终极标准就是符合公益要求。这样看来，公众参与符合适当性要求；若公众参与城乡规划后利大于弊，公益（即使实体公益有所下降但程序公益却大为增加）并未受损，则符合狭义比例原则之要求；另外，毫无疑问，公众参与这种方式体现民主性，相较其他传统强制方式温和了许多，是最轻微或损害最小的手段，因此同样符合必要性原则之要求。这样，公众参与符合比例原则的整体要求，目的正当，手段亦属正当。①

因此，行政行为的根本目的在于追求公共利益的最大化。城

---

① 裴娜：《试论执行和解制度在行政强制执行中的确立》，载《行政法学研究》2004 年第 4 期。

乡规划作为现代行政权扩张的产物也不例外。① 但是，公共利益是一个典型的不确定概念。② 立法不可能对其进行明确的界定。同样，由于公共利益概念的不确定性，以至于城市规划中公共利益多数情况下只能是对多种不同利益平衡的结果，具有显著的价值属性。这就使得行政机关在公共利益的判断上失去了原有的专业优势。由于难以对公共利益进行实体性的界定，近年来对公共利益的研究开始从实体转向程序。③ 对城乡规划公共利益的研究也应该做相同的转向。如果认为公共利益实现的关键是不同利益的平衡和协调的话，那么如何确保城乡规划的过程能够吸收不同的利益，并能使这些利益对规划决策产生影响，便是程序控制的重点。上文中已对公众参与通过程序规则维护最大限度公益的内容进行了阐释。

（三）效率价值的受损与公众参与城乡规划的关系

上文已述，一方面，公众参与是强调民主特性的，让最广大的社会公众对国家事务进行介入，不再简单地成为被管理者，而是对可能影响自己权益的公共决定进行参与和评价；另一方面，

---

① 关于城市规划具有公共利益的属性的论文，可参见王柱国、王爱辉：《城市规划：公共利益、公众参与和权利救济——兼论修订〈中华人民共和国城市规划法〉》，载《国外城市规划》2004 年第 3 期；石楠：《试论城市规划中的公共利益》，载《城市规划》2004 年第 6 期；白铧：《城市规划过程中利益主体多元化与公共利益的界定》，载《法治论丛》（上海政法学院学报），2006 年第 1 期。

② 参见陈新民：《德国公法学基础理论》，山东人民出版社 2001 年版，第 182—187 页。

③ 参见杨寅：《公共利益的程序主义考量》，载《法学》2004 年第 10 期；徐键：《城市规划中公共利益的内涵界定——一个城市规划案引出的思考》，载《行政法学研究》2007 年第 1 期。

行政过程是强调高效快速的，"行政效益原则突出行政法的时代特色。"① 任何行政事务都必须保障行政效率的实现，在公正与效率的价值冲突中，行政往往选择效率，很多具体行政制度的创设也是依据"效率规则"来确定的。如行政行为"效力先定"的特性。那么，当公众参与进入到城乡规划行政领域成为常态时，当两种价值取向碰撞到一起时，我们应该如何取舍？很明显，兼顾二者的想法固然很完美，但在现实中很难做到。如当大规模公众参与城乡规划实现时，大量民众积极表达参与的愿望并提出具体的规划操作内容，每一个参与主体都希望自己提出的方案成为或最接近于最终形成的城乡规划，此时，收集方案、提取信息、进行分析筛查、衡量各种利益诉求等事项将成倍增加，必然会大大降低行政效率。而且一旦相对人发现最终的规划与自己的利益不符，可能会就此丧失下次进行参与的热情，这样既没有保证行政效率，也没有发挥参与的民主优势。导致"双输"（Two－lose）的局面。长此以往，甚至会影响到公众参与的创设动因，使公众和行政主体都对城乡规划中公众参与的效果产生怀疑。

因此，我们必须回答在效率与民主的价值冲突中，如何选择？如何取舍？笔者认为，公众参与城乡规划更应该追求民主的价值目标，相较而言，效率目标退为第二位的价值选择。这是因为：

其一，从本质上看，公众参与体现了城乡规划政治化的过程的特点。

"政治化过程"本身体现了一种利益的平衡与博弈，各种利益纠结并存，而规划结果只有一个，其中必然会存在利益取舍的问

---

① 朱维究、王成栋主编：《一般行政法原理》，高等教育出版社 2005 年版，第 83 页。

题。而城乡规划能做的就是寻求代表最大多数人利益的公共利益，尽管可能出现"公共利益模糊化"及"多数人统治"这样尴尬的问题，但是追求规划的最大公共利益属性自始至终都是其追求的目标，而要实现此目标，价值取向一定是偏向民主而非效率，一定是向往公正而非迅速。那么，公众参与式行政与城乡规划活动政治性之间有什么相似性或联系呢？分析城乡规划活动"政治化"的特性对于参与式行政有何借鉴意义？我们不难看出，公众参与式城乡规划正是为了解决立法对城乡规划控制不能的困境应运而生的，立法授权的"概括化"、"模糊化"，客观上造成了城乡规划行政自由裁量权的泛滥，单纯靠立法领域的民意表达、公众参与已不能够满足对城乡规划的立法监督和制约。因此，将"类立法"式的公众参与引入到城乡规划领域中，可以被视为立法活动模式的一种延伸，在短暂的立法活动之外，公众的参与权不应总是处于"休眠"状态，应该有释放和发挥的空间。所以，笔者认为，由于公众参与城乡规划的类立法模式特性，它更加具有民主化的倾向，应当将最大效能的反映民意作为首要目标。①

其二，从结果上看，公众参与有助于增强城乡规划的执行力。

现代城乡规划不可能是纸面上之规划，同样也不可能是规划部门的个体规划。要使城乡规划具备更广泛的可接受性，增强其执行力，必须实现事前、事中和事后的全方位的公众参与。不被社会大众接受的城乡规划只是一纸空文。在个体参与城乡规划公共行政的过程中，公众参与方对于有效规划行政信息的拥有和掌握，是有效和富有意义的公众参与的基础，是决定公众参与质量的关键所在，公众参与方的认知能力、学习能力、行动能力都依

---

① 裴娜、于成：《"公众参与式"行政程序法制度之价值考量》，载《经济研究导刊》2012 年第 11 期。

赖于基础信息的掌握与控制。因此，信息公开制度的创设显得尤为重要。城乡规划过程中的信息对于社会而言，是一种"公共物品"。在信息匮乏或不对等的情况下，公众参与方将失去参与的热情及认知、评价的能力，整个公众参与最终将沦为"走秀"。信息资源最大的特点在于其共享性，信息公开不单只是公民知情权的体现，更成为政府规划部门的一项义务。那么，就信息公开方式看，它具有"双刃剑"的作用，一方面，大量信息的公开会使参与各方的信息获取量增大，双方的信息沟通更加顺畅，从而能在一定程度上提高行政效率；另一方面，信息的公开本质上还是顺应民主的潮流，公开的目的是为了更加公正。由此看来，公众参与城乡规划过程中之信息公开要求的首要价值追求仍然是公正民主，效率性只是在结果意义上的附带性目的。否则，不公开信息或公开部分信息，使大多数参与方在不能全部掌握规划行政信息的情况下进行公众参与，使他们无法质疑、评价规划行政过程，那样无疑是最节约行政成本的，行政效率也达到最大化，可是这样明显违背了城乡规划领域信息公开规则设置的初衷。

最后，上文已述，公众参与城乡规划中目前普遍存在缺乏利益组织化的表现，使得公众参与的有效性大打折扣。但这是公众参与方式改进的问题，并不能据以否定公众参与城乡规划的价值。而且，从实践来看，公众参与的利益组织化程度已然愈来愈高，已经能够在一定程度上适应城乡规划的特点。在这样的共识下，公众参与城乡规划如果还是以追求效率价值为主导，显然是与利益组织化的发展模式相悖的。因为利益的协调、组织、沟通、实践，显然是以追求更大公平为取向的。如果是为了效率的提高，那么利益不进行组织化是最优的选择，至少不会在规则创设上为利益的有效组织化创设有利条件。这也从另一方面证实了民主价值的优先性。

经过上文的基本思路分析，得出以下结论：在公众参与城乡规划行政过程中，首要应考虑民主公正性，其次兼顾城乡规划行政领域的效率，以体现作为城乡规划新兴行政领域的民主参与方式的基本理念。因此，在公众参与规划过程中，民主价值是第一位的，是主要价值取向；效率价值是第二位的，是附随价值取向。对公众参与妨碍城乡规划行政行为效率的负面评价不能成立。

综上，公共利益的模糊性与效率价值受损与公众参与城乡规划的民主性之间不存在本质冲突，公共利益的模糊性是行政领域的共性问题，可以从实体和程序两个方面进行解决，效率价值的受损本身也不能否定公众参与的必要性，因为城乡规划政治性的特点和执行力的最大化要求，已使民主价值超越效率价值成为第一位的价值要求。

本章小结

本章进行城乡规划领域公众参与的价值研究，力求分析和探讨公众参与城乡规划的必要性和价值取向。

首先，文章分析了公众参与的一般性价值表现，指出其是解决传统行政"传送带"模式局限性的一剂良方，同时又由于公众参与主要表现为一系列程序而非实体规则，因此更加完善了其克服传统行政模式的功用。

其次，文章详细分析了城乡规划领域的特殊利益属性，不仅表现为一种财产权，而且更多地表现为一种"空间发展权"。这使得规划引入公众参与成为必要。另外，针对城乡规划行政行为的四个特征，公众参与具有独特价值表现。高度专业性、未来导向性、广泛裁量性以及政治政策性这些特点都呼唤公众参与功能的介入，公众参与与之并不矛盾，甚至在一定程度上制约可能的行政滥权。并且，城乡规划的四个特点实际上是由于其所显现出的利益多元化状态所导致的，利益多元化可以涵盖其他的特征表象而成为城乡规划的本质属性，而公众参与正是顺应这种利益多元化状态的产物。

最后，文章指出对城乡规划公众参与的否面评价，并一一对之进行了回应。指出公共利益标准的模糊化可以通过比例原则和加强程序规则设置进行解决，这不能成为否定公众参与城乡规划的理由；行政效率性的追求也不能妨碍城乡规划公众参与的存在，因为现代城乡规划从本质上体现为政治过程，而公众参与恰恰体现了民主理念，是采用民主制对抗官僚制的产物；同时城乡规划从结果上追求更高程度的认可性，不被社会大众接受的城乡规划只是一纸空文，因此必须强调民主性的公众参与；此外，城乡规划的信息化公开要求也符合民主性的价值取向。

第二章 城乡规划领域公众参与机制立法分析

在完成对城乡规划领域公众参与机制的价值研究之后，将进一步探讨我国现行城乡规划领域公众参与的立法制度，包括立法模式、法条内容、立法原意与主旨、可能的完善之处等，力求在全面了解中国当下城乡规划领域公众参与的制度模式基础上，进一步分析其运行体制和状态，为今后的制度建设和应然性前景提供基础范本。本章先介绍城乡规划领域公众参与的立法模式，其次列举并分析规划各阶段法律规范中的相关法条，最后从立法角度探究立法的主旨、精神、优点及不足。

第一节 我国城乡规划领域公众参与法律体系分析

我国现行城乡规划的规范模式，从体系构成上看，分为横向和纵向立法，横向体系分为主干法和相关法，纵向体系分为中央立法和地方立法；从内容上看，法律规范的种类包括《中华人民共和国城乡规划法》、《中华人民共和国环境保护法》以及《中华人民共和国行政许可法》等。以下分别进行阐述：

一、城乡规划法律体系

城乡规划法律体系，是指由有关国家机关依法制定的城乡规划法律规范文件组成的有内在联系和相互协调统一的法律规范系统。[①] 涵盖了调整在制定、审批和实施城乡规划过程中发生的各种社会关系的多层次、多领域的法律规范。城乡规划法律制度体系是以城乡规划法为中心，以行政法规、部门规章以及地方性法规和地方规章及城乡规划的相关法律规范所组成的多方面、立体的、多层次的城乡规划法律规范体系。我国城乡规划法律制度体系按照不同的标准，可以划分为以下类别：

第一，按照立法的层次可分为中央规划法律体系和地方规划法律体系。

第二，按照法律规范的位阶可分为：宪法、法律、行政法规、地方性法规、规章以及其他规范性文件等。

第三，按照法律规范的地位可分为：正式法律规范和非正式法律规范。前者包括法律和行政法规、地方性法规，后者包括法律、法规之外的其他规范性文件。前者是司法审查中人民法院适用的依据，后者则只是作为司法审查参考之依据。

第四，按照涉及的城乡规划内容可以分为：综合性城乡规划法律体系、专业性城乡规划法律体系、城乡规划相关法律体系。其中专业性城乡规划法律又可以根据其所涉及的专业领域的不同而分为规划编制方面的城乡规划法律、规划管理方面的城乡规划法律、规划实施方面的城乡规划法律、规划监督方面的城乡规划法律等。

第五，根据城乡规划法律所涉及的内容不同，可以分为实体性的城乡规划法律体系和程序性的城乡规划法律体系。后者包括内部行政程序的法律规范，外部行政程序的法律规范，确定公众

---

① 耿毓修、黄均德主编：《城市规划行政与法制》，上海科学技术文献出版社 2002 年版，第 70—71 页。

和利害关系人知情、参与等程序性的法律规范，对于城乡规划的监督救济方面的程序性规范等。①

为了研究的方便，在此不进行过于繁复的类别研究，只求将基本法律体系之脉络阐释清楚即可。一般而言，将城乡规划的法规体系按照调整内容和范围进行横向和纵向的划分，在横向上区分为主干法和相关法，在纵向上区分为中央立法和地方立法，以下逐一进行分析：

（一）横向体系

城乡规划是一个综合性的政府行政行为，涉及规划、道路、绿化、交通、环境保护等多个行政专业领域。城乡规划法的横向体系主要是考察与城乡规划行为有关的不同内容的法规范之间的相互关系，包括城乡规划的主干法及其相关法。②

1. 主干法

主干法是城乡规划法律法规体系的核心，由国家或地方的立法机关制定。

城乡规划主干法的基本内容包括三个方面，即明确规划机关及其权力义务、规划编制的内容及程序、规划实施的内容及程序。《城乡规划法》的颁布施行，标志着现阶段我国城乡规划领域的主干法是以《城乡规划法》为核心，包括配套制度中与《城乡规划

---

① 刘飞主编：《城市规划行政法》，北京大学出版社 2007 年版，第 17 页。

② 同济大学建筑与城市规划学院编：《城市规划资料集》（第一分册），中国建筑工业出版社 2003 年版，第 37—39 页。

法》不相冲突的法律规范。①

2. 相关法

相关法是指与城乡规划管理相关的法律规范。由于城乡规划的主要内容是对城市物质环境的管理，但是城市物质环境的管理除了规划部门以外还涉及其他政府部门，各个行政管理部门的设置及其职能行使都有各自配套法律，这些法律便是城乡规划法的相关法。我国法律体系中与规划行政行为密切相关的法律包括《行政许可法》、《环境影响评价法》等。

3. 专项法

专项法是指针对城乡规划中特定议题的立法，即将城乡规划领域中的某一具体问题进行特别法律规范制定。②

（二）纵向体系

城乡规划法律法规的纵向体系，是由不同等级的国家机关制定的具有不同效力等级的法律规范构成，体现的是法律规范的位阶层级关系。

1. 中央层面的立法

在中央层面的立法主要包括：2008 年施行的《城乡规划法》、国务院和有关部委颁布的行政法规和部门规章，以及部分规范性文件。③

---

① 目前，全国多个省市地区已经依据《中华人民共和国城乡规划法》制定了在本地区实施的细则或办法，如《北京市城乡规划条例》（2009 年）、《上海市城乡规划条例》（2010 年）、《上海市城市规划管理技术规定》（2002 年）等，这些地方制度都成为中央法的配套制度而存在。

② 如《北京历史文化名城保护条例》、《北京旧城历史文化街区房屋保护和修缮工作的若干规定》等。

③ 如住房与城乡建设部制定颁布的《省域城镇体系规划编制审批办法》、《城乡规划编制单位资质管理规定》、《建制镇规划建设管理办法》等。

2. 地方层面的立法

在地方层面的立法主要包括：地方人大颁布的与全国人大立法相配套的地方性法规、地方人民政府发布的政府规章及规范性法律文件。如《北京市关于划定郊区主要河道保护范围的规定》、《北京市城市规划管理技术规定》等。

二、法定规划种类

本章主要进行城乡规划领域公众参与相关法律条文的说明与解读，由于涉及城乡规划专业领域，因此首先就相关专业词汇和术语进行解释，以给后文研究分析法律条款提供方便。

（一）城市总体规划

城市总体规划是对城市特定时期（一般为20年）的整体框架式规划内容。① 如《北京市城市总体规划（2004—2020年）》对北京城市发展设计了"两轴两带多中心"的模式。（见图6、图7）

图6：北京市中心城市轴线及功能区分析图②

---

① 根据《城乡规划法》第17条第1款的规定，城市总体规划的内容应当包括：城市的发展布局，功能分区，用地布局，综合交通体系，禁止、限制和适宜建设的地域范围，各类专项规划等。

② 图片来源：北京市规划委员会网站 http://www.bjghw.gov.cn/web/static/catalogs/catalog_ 36200/36200.html，最后访问时间：2013年2月18日。

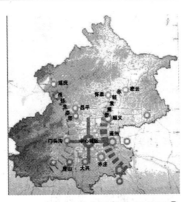

图7：北京城市空间结构规划图①

（二）　省域城镇体系规划

省域城镇体系规划的基本目的是构筑一个与经济社会和环境相适应、相匹配的城镇体系网络，并由此促进整个区域的可持续发展。② 它是以空间资源分配为主的地域空间规划、调控规划，其重要作用是对各项建设和城镇发展实施空间遇到和空间调控。③

（三）　镇总体规划

镇总体规划类似于城市总体规划，只是地域所辖范围缩小，

---

① 图片来源：北京市规划委员会网站 http：//www. bjghw. gov. cn/web/static/catalogs/catalog_ 36200/36200. html，最后访问时间：2013 年 2 月 18 日。

② 《城乡规划法》第 13 条规定："省、自治区人民政府组织编制省域城镇体系规划，报国务院审批。省域城镇体系规划的内容应当包括：城镇空间布局和规模控制，重大基础设施的布局，为保护生态环境、资源等需要严格控制的区域。"

③ 《城市规划基本术语标准》（GB/T 5028—98）第 4. 1. 1. 2 条。

内容简单,是对镇一定时期的框架式规划。①

(四) 乡规划、村庄规划

乡规划、村庄规划是从农村情况出发,对村庄布局、发展模式做的统一部署。②

(五) 控制性详细规划

控制性详细规划是依据总体规划的要求,用以控制建设用地性质、使用强度和空间环境的城乡规划种类。③

---

① 根据《城乡规划法》第 17 条的规定,镇总体规划的内容应当包括:镇的发展布局,功能分区,用地布局,综合交通体系,禁止、限制和适宜建设的地域范围,各类专项规划等。规划区范围、规划区内建设用地规模、基础设施和公共服务设施用地、水源地和水系、基本农田和绿化用地、环境保护、自然与历史文化遗产保护以及防灾减灾等内容,应当作为镇总体规划的强制性内容。

② 《城乡规划法》第 18 条规定:"乡规划、村庄规划应当从农村实际出发,尊重村民意愿,体现地方和农村特色。乡规划、村庄规划的内容应当包括:规划区范围,住宅、道路、供水、排水、供电、垃圾收集、畜禽养殖场所等农村生产、生活服务设施、公益事业等各项建设的用地布局、建设要求,以及对耕地等自然资源和历史文化遗产保护、防灾减灾等的具体安排。乡规划还应当包括本行政区域内的村庄发展布局。"

③ 《城市、镇控制性详细规划编制审批办法》(2011 年) 规定,控制性详细规划是以城市总体规划或分区规划为依据,确定建设地区的土地使用性质和使用强度的控制指标、道路和工程管线控制性位置以及空间环境控制的规划要求。同时对控制性详细规划的制定时序亦作出规定:控制性详细规划组织编制机关应当制订控制性详细规划编制工作计划,分期、分批地编制控制性详细规划。中心区、旧城改造地区、近期建设地区,以及拟进土地储备或土地出让的地区,应当优先编制控制性详细规划。

（六）修建性详细规划

修建性详细规划，是由建设单位依据控制性详细规划以及具体规划条件，对所在地块的建设提出的安排和设计。修建性详细规划是指导各项建筑和工程设施的设计和施工的规划设计。

（七）各类规划之间的关系

规划种类之间的关系为：城市规划、镇规划分为总体规划和详细规划。详细规划分为控制性详细规划和修建性详细规划。① 以下以图表（见图8）的形式进行表述：

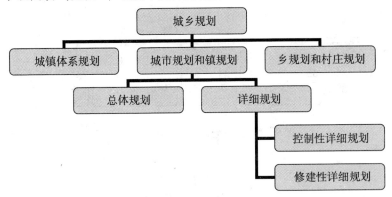

图8：各类规划之间的逻辑层次关系

第二节　城乡规划领域各阶段
公众参与条款梳理

以上简要介绍了城乡规划法律法规体系的构成，研究城乡规

---

① 《城乡规划法》第2条第2款规定："本法所称城乡规划，包括城镇体系规划、城市规划、镇规划、乡规划和村庄规划。"

划领域中的公众参与机制的立法状况主要是从这些相关法律法规中寻找涉及公众参与的法条进行分析和判断。以下分别以图式（见图9、图10、图11）方式对《城乡规划法》及相关法公众参与条款进行说明：

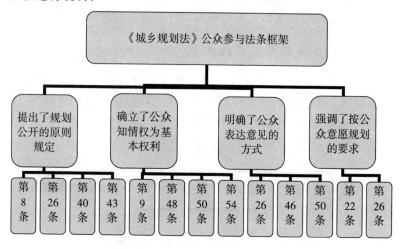

图9：《城乡规划法》公众参与法条框架

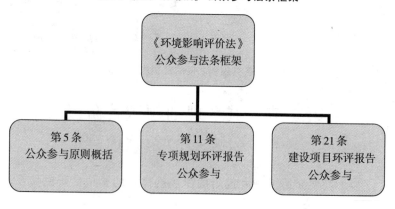

图10：《环境影响评价法》公众参与法条框架

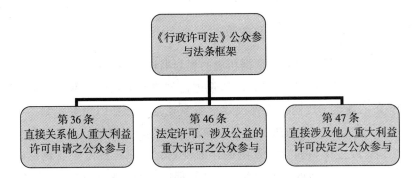

图 11：《行政许可法》公众参与法条框架

　　上述三图从立法规范研究的角度对城乡规划领域公众参与条款进行了法条归纳，下面从城乡规划领域不同阶段的运行过程探讨公众参与的方式方法。通过两个角度的不同分析，以期能够较为全面地展现公众参与在城乡规划领域的制度运作。

　　在城乡规划活动过程中，按照规划过程实施的脉络，基本上可以分为四个阶段，即城乡规划的编制阶段、城乡规划的确定阶段、城乡规划的实施阶段以及城乡规划的修改阶段。

一、规划编制阶段

　　规划编制阶段是城乡规划的编制主体拟定规划草案的过程，开始于规划编制工作的启动，终止于将规划草案报送审批主体，这是城乡规划形成过程的关键阶段。这个阶段又可以细分为五个过程：（1）编制工作的启动；（2）规划草案的初拟；（3）规划草案的意见征询；（4）规划环评报告书草案的意见征询；（5）规划草案的修订。以下分别梳理各个阶段中公众参与程序的设定情况：

（一）编制工作的启动

凡是建设项目必须依据相应的规划书进行。[①] 根据《城乡规划法》第 14 条的规定，城市总体规划由城市政府组织编制；根据第 19 条的规定，控制性详细规划由城乡规划主管部门负责编制。可以看出，《城乡规划法》只是明确将控制性详细规划的编制权交由规划行政主体，而对于修建性详细规划，则只是规定重要地块的修建性详细规划可以由城乡规划主管部门编制（《城乡规划法》第 21 条）。实践中，除重要地块外的其他地块的修建性详细规划一般由获得地块使用权的开发者组织编制，然后报政府批准，比如房地产开发商可以根据控制性详细规划的要求编制特定地块的修建性详细规划。[②]

根据现行《城乡规划法》的规定，编制主体在启动规划之前，不具有听取其他公众意见的义务，即在启动阶段公众是不具有参与的权利。但是考虑到部分修建性详细规划的编制主体本身便是属于公众范畴的开发者，可以认为在部分修建性规划编制工作的启动过程中，部分特定公众（限于获得地块使用权的开发者）具有参与的权利。[③]

（二）规划草案的初拟

规划行政主体决定编制城乡规划，可以自行或者委托具有资质的规划单位。如城市规划设计院、研究院等，开始进行规划草

[①] 依据《城乡规划法》第 3 条第 1 款之规定，城市建设活动应当遵循"先规划，后建设"的原则进行。

[②] 谭纵波：《城市规划》，清华大学出版社 2005 年版，第 459 页。

[③] 陈振宇：《城市规划中的公众参与程序研究》，法律出版社 2009 年版，第 22 页。

案的初拟。在这一阶段，编制主体一般要经过三个步骤才能完成
规划草案的编制工作：（1）规划调查及基础资料的收集；（2）城
市发展目标的确立；（3）规划方案的草拟和选择。在这个过程中，
规划编制者没有法定的听取公众意见的义务。整个过程完全是在
行政内部运作完成。换句话说，在这一阶段，公众不具有参与城
乡规划的程序保障。

（三）规划草案的意见征询

城乡规划草案制定完毕后，组织编制机关必须将城乡规划草
案进行公示，同时征询公众意见，涉及公众参与的规定基本集中
在这部分。《城乡规划法》第26条规定了听证会等方式进行意见
征求。① 据此，城乡规划草案的公告成为规划组织编制机关必须履
行的义务且有严格的时间要求。公众可以在规划草案公示期间向
组织编制机关提出自己的意见。同时第26条第2款规定的"报送
审批的材料中附具意见采纳情况及理由"更是对此阶段的公众参
与程序作了明确的保障性规定，使得公众参与权实质意义上得以
行使而非形式意义上之设置。

（四）规划环评报告书草案的意见征询

除了《城乡规划法》有编制阶段公众参与程序的规定外，作
为城乡规划相关法的《环境影响评价法》（2002年）要求在特定
城市规划的编制过程中展开公众参与。其中《环境影响评价法》

---

① 《城乡规划法》第26条规定："城乡规划报送审批前，组织编制机关
应当依法将城乡规划草案予以公告，并采取论证会、听证会或者其他方式征
求专家和公众的意见。公告的时间不得少于三十日。组织编制机关应当充分
考虑专家和公众的意见，并在报送审批的材料中附具意见采纳情况及理由。"

第 11 条对这一阶段公众参与的内容进行了规定。① 但这个过程的公众参与仅限于部分特定意义的专项规划，而不是所有规划种类。

值得注意的是，对于那些"可能造成不良影响并直接涉及公众环境权益的专项规划"的编制过程，要明确两个问题：（1）解释界定权仍然是由环境影响报告书的编制机关行使，公众没有界定权的运用可能性。因此应当承认，这部分的公众参与仍然是被动的公众参与，公众参与与否的前提是基于编制机关的事先解释，而编制机关是完全可以不予以解释从而客观规避公众参与权的介入；（2）对于已确定为"可能造成不良影响并直接涉及公众环境权益的专项规划"，既要按照《城乡规划法》的规定听取公众对规划草案的意见，同时也要依据《环境影响评价法》的规定听取公众对于环境影响报告草案的意见，这两个阶段的听取意见的工作应当分别进行。

二、规划确定阶段

由规划行政部门组织、城乡规划专业人员具体编制的城乡规划方案，只有经过有权主体的确定才具有法律上的规范效力。规划确定也即规划审批，始于组织编制机关向审批机关报送规划草案，终止于审批机关批准规划并予以公布。依据《城乡规划法》第 27 条规定，② 在城市总体规划审批过程中，专家的参与成为一

---

① 《环境影响评价法》第 11 条第 1 款规定："专项规划的编制机关对可能造成不良环境影响并直接涉及公众环境权益的规划，应当在该规划草案报送审批前，举行论证会、听证会，或者采取其他形式，征求有关单位、专家和公众对环境影响报告书草案的意见。但是，国家规定需要保密的情形除外。"

② 《城乡规划法》第 27 条规定："省域城镇体系规划、城市总体规划、镇总体规划批准前，审批机关应当组织专家和有关部门进行审查。"

个必经程序。值得注意的是，专家审批仅适用于总体规划的确定过程，而不适用于详细性规划（包括控制性详细规划和修建性详细规划）的运作。同时除了专家群体之外的普通公众也无权参加总体规划的确定审批过程。

三、规划实施阶段

（一）规划的公布

城乡规划经批准以后具有法律效力，规划的生效不以公布为前提。① 《城乡规划法》第 8 条规定了公布程序②，公布程序在本质上不属于本文所说的公众参与程序，因为规划已经制定完成，公布本身不可能对规划的结果产生影响。但是城乡规划公开公布会对规划编制主体、审批主体的行为产生影响，同时也会在一定程度上约束规划的随意性修改。规划公布为公众监督政府的规划行为提供了可能性。因此，公布行为对后续规划行为会产生积极的影响。立法者在立法过程中也将城乡规划的公布视为扩大公众参与的举措。③

（二）规划评估阶段

城乡规划方案的评价与反馈是城乡规划的重要组成部分，对城乡规划的评估工作，是对城乡规划实施定期修改的一个前提性

---

① 《城乡规划法》第 7 条规定："经依法批准的城乡规划，是城乡建设和规划管理的依据，未经法定程序不得修改。"由此可以得出结论，城乡规划以上级机关的批准为生效起点。

② 《城乡规划法》第 8 条规定："城乡规划组织编制机关应当及时公布经依法批准的城乡规划。但是，法律、行政法规规定不得公开的内容除外。"

③ 汪光焘：《关于〈中华人民共和国城乡规划法〉（草案）的说明》（2007 年 4 月 24 日），载《全国人民代表大会常务委员会公报》2007 年第 7 期。

环节。据《城乡规划法》第 46 条的规定①，在体系规划、总体规划的评估过程中，部分公众（专家）具有参与的可能性。

（三）规划许可过程中的意见征询

城市的建设项目应当获得规划机关的许可方能实施，② 《城乡规划法》本身没有规定规划许可阶段的公众参与，但是规划许可作为行政许可的形式之一，应当依据《行政许可法》之规定进行公众参与。《行政许可法》规定了许可过程中需要听取公众意见的两种情形③：第一种情形是适用于有"法律规范明确规定或者其他涉及公共利益"的重大行政许可事项，行政机关应当向社会公告，

---

① 《城乡规划法》第 46 条规定："省域城镇体系规划、城市总体规划、镇总体规划的组织编制机关，应当组织有关部门和专家定期对规划实施情况进行评估，并采取论证会、听证会或者其他方式征求公众意见。组织编制机关应当向本级人民代表大会常务委员会、镇人民代表大会和原审批机关提出评估报告并附具征求意见的情况。"

② 按照原《城市规划法》的规定，城市建设项目的建设需要获得"一书两证"，即选址意见书、建设用地规划许可证和建设工程规划许可证。《城乡规划法》基本延续了"一书两证"的规划许可制度，变化在于缩小了选址意见书的范围，那些以出让方式获得国有土地使用权的项目不再需要"选址意见书"，仅实行"两证"许可制。不管是"一书两证"制还是"两证"制，城市建设项目的开工建设都需要规划许可。

③ 《行政许可法》第 36 条规定："行政机关对行政许可申请进行审查时，发现行政许可事项直接关系他人重大利益的，应当告知该利害关系人。申请人、利害关系人有权进行陈述和申辩。行政机关应当听取申请人、利害关系人的意见。"《行政许可法》第 46 规定："法律、法规、规章规定实施行政许可应当听证的事项，或者行政机关认为需要听证的其他涉及公共利益的重大行政许可事项，行政机关应当向社会公告，并举行听证。"《行政许可法》第 47 条规定："行政许可直接涉及申请人与他人之间重大利益关系的，行政机关在作出行政许可决定前，应当告知申请人、利害关系人享有要求听证的权利。"

并举行听证（第46条）；第二种情形是适用于"许可事项直接关系他人重大利益的"，行政机关应当告知利害关系人，申请人、利害关系人有权进行陈述和申辩并要求听证（第36条、第47条）。当城乡规划许可符合以上两种情形时，公众是可以参与其中的。

（四）建设项目环评报告书草案的意见征询

根据《环境影响评价法》第21条的规定，公众可以在部分建设项目环评报告书报批前发表意见，表达看法。①

这里需要说明的是，《环境影响评价法》第11条与第21条的区别主要是：其一，针对的对象分别是专项规划与普通建设项目，在公众参与的内容上并不存在重大区别，都是针对环境影响报告书；其二，前者征求意见的主体是规划编制机关，后者征求意见的主体是建设单位。其三，在时间点上略有不同，前者是在规划草案报送审批之前，而后者是在建设项目环境影响报告书报送审批之前。因为建设项目是依据规划而进行的，所以时间节点上后者晚于前者。

四、规划修改阶段

城乡规划一经审查批准并确认，应当具有普适效力，非经法定程序不能随意予以改变。但是伴随着城市发展的快速和多样性，城乡规划的修改有时成为必要。依据《城乡规划法》的规定，规划的修改过程包括了对规划的评估、修改工作的启动以及修改方案的编制等阶段，不同阶段具有不同内容的参与程序设计。

---

① 《环境影响评价法》第21条规定："除国家规定需要保密的情形外，对环境可能造成重大影响、应当编制环境影响报告书的建设项目，建设单位应当在报批建设项目环境影响报告书前，举行论证会、听证会，或者采取其他形式，征求有关单位、专家和公众的意见。"

（一）修改启动阶段

按照《城乡规划法》的规定，在编制城乡规划修改方案之前应当获得原批准机关的同意，同时对控制性详细规划修改工作的启动有特殊的程序要求。依据《城乡规划法》第 48 条规定①，需要修改控制性详细规划时，应当履行"征求规划地段内利害关系人的意见"的程序义务。值得注意的是，尽管此条只是规定对于控制性详细规划的修改具有征求规划地段内利害关系人意见的义务，其他层次的规划修改是没有类似程序性义务的。但是由于"控制性详细规划修改涉及总体规划强制性内容的，应当先修改总体规划"的规定，公众参与可以通过控制性详细规划的修改间接启动总体规划的修改。同时，此处明确征询意见的对象仅限于规划地段内的利害关系人，而不是普遍意义上的一般公众。

（二）修改方案编制阶段

《城乡规划法》第 48 条、第 50 条规定了不同的方式，② 分析如下：（1）城市总体规划的修改由编制机关征得原批准机关的同意后进行，但是并没有规定修改（无论是修改的内容，亦或是修

---

① 《城乡规划法》第 48 条规定："修改控制性详细规划的，组织编制机关应当对修改的必要性进行论证，征求规划地段内利害关系人的意见，并向原审批机关提出专题报告，经原审批机关同意后，方可编制修改方案。修改后的控制性详细规划，应当依照本法第十九条、第二十条规定的审批程序报批。控制性详细规划修改涉及城市总体规划、镇总体规划的强制性内容的，应当先修改总体规划。"

② 《城乡规划法》第 50 条第 2 款规定："经依法审定的修建性详细规划、建设工程设计方案的总平面图不得随意修改；确需修改的，城乡规划主管部门应当采取听证会等形式，听取利害关系人的意见；因修改给利害关系人合法权益造成损失的，应当依法给予补偿。"

改的必要性）需要征询公众意见；（2）控制性详细规划对于"修改的必要性"必须征求规划地段内的利害关系人意见，至于如何修改则未规定意见征询程序；（3）修建性详细规划的修改程序与此不同，是否对其修改的判断是由城乡规划行政主体作出的，而决定修改之后具体的修改内容则要征求公众的意见。

为了使分析更加清晰，下面以图表（见图12）形式对城乡规划各个阶段的公众参与进行总结：

规划阶段		适用对象	参与程序
编制阶段	编制启动	修建性详细规划	开发单位提交修建性详细规划报批
	意见征询	所有层次的规划	组织编制机关应当将城市规划草案予以公告（公告时间不少于30日）；并采取论证会、听证会或者其他方式征求专家和公众的意见
	规划环评	"可能造成不良环境影响并直接涉及公众环境权益"的专项规划	举行论证会、听证会，或者采取其他形式，征求有关单位、专家和公众对环境影响报告书草案的意见
确定阶段		城市总体规划	城市总体规划批准前，审批机关应当组织专家和有关部门进行审查
实施阶段	规划公布	所有层次的规划	组织编制机关应当及时公布经批准的城市规划
	规划许可	法律规范明确规定、涉及公共利益的重大许可事项	许可机关应当向社会公告，并举行听证
		直接关系他人重大利益的许可事项	许可机关应当告知利害关系人，申请人、利害关系人有权进行陈述和申辩

规划阶段		适用对象	参与程序
修改阶段	项目环评	对环境可能造成重大影响、应当编制环境影响报告书的建设项目	建设单位应当在报批建设项目环境影响报告书前，举行论证会、听证会，或者采取其他形式，征求有关单位、专家和公众的意见
	规划评估	城市总体规划	城市总体规划的组织编制机关，应当组织有关部门和专家定期对规划实施情况进行评估，并采取论证会、听证会或者其他方式征求公众意见
	修改启动	控制性详细规划	组织编制机关应当征求规划地段内利害关系人的意见……方可编制修改方案
	编制方案	修建性详细规划	确需修改的，城乡规划主管部门应当采取听证会等形式，听取利害关系人的意见

图 12：城乡规划各阶段公众参与条款

第三节 城乡规划领域公众
参与法律内容评析

以上分别从部门法角度和城乡规划实施过程的角度对城乡规划领域公众参与所涉及的条款进行了梳理和分析，在对条文内容充分了解之后，以下将逐步分析我国城乡规划领域公众参与立法层面的利弊得失。

一、城乡规划领域公众参与法律规定的总体评价

在我国，最早鼓励公众参与城乡规划的中央立法是 90 年代初的《城市规划编制办法》（1991 年，现已废止），而深圳市 1998

年颁布施行的《深圳市城市规划条例》（1998 年）则开启了地方将公众参与城乡规划予以制度化的先河。① 应当承认的是，尽管《城市规划法》（1990 年，现已废止）对公众参与规划没有进行制度规定。② 但是取而代之的《中华人民共和国城乡规划法》（2008 年）却首次进行了较为广泛和全面的制度创设，而且与已有的其他法律（如《行政许可法》、《环境影响评价法》）相互配合，可以说已经基本形成了城乡规划领域公众参与制度体系。因此从立法层面而言是呈现创建并逐步扩大公众参与城乡规划趋势的；从行政执法层面而言，中央和地方城乡规划主管行政机关也基本具备了公众参与的意识和考量。③

　　但不可否认的是，公众参与城乡规划条款尚存在不足。单从法律规则设置上看，公众参与条款数量有限，以《城乡规划法》为例，总条数 70 条中公众参与条款仅为 5 条（第 26 条、第 27 条、第 46 条、第 48 条、第 50 条）④；从规范文本词语分析上看，存在诸如范围概念界定不清等问题；从规范覆盖范围上看，监督救济条款基本没有公众参与的余地，对于公众参与权受阻也缺乏相应救济途径。这些都导致现阶段我国公众参与城乡规划有效性降低，参与

---

　　①　参见同济大学建筑与城市规划学院编：《城市规划资料集》（第一分册），中国建筑工业出版社 2003 年版，第 4—5 页。

　　②　原《城市规划法》只是在第 28 条规定，城市政府应当公布经批准的城市规划。除此以外再无关于公众参与城市规划的规定。

　　③　例如，住房与城乡建设部和北京市规划委员会作为中央与地方层级的城乡规划行政主管机关，在其门户网站都设置了"公众参与"模块，供公众点击查阅。

　　④　这五条都明确规定了采用论证会、听证会等形式听取公众意见等内容。因此从实质意义上说，《城乡规划法》中公众参与条款的精华在此。当然，如果从宽泛角度来看，第 8 条、第 54 条等仅仅规定公布、公开等内容的条款也属于公众参与的内容。

层面也基本停留在咨询、信息公开等较低层次，以下将逐一进行分析。需要说明的是，此处仅从立法层面对公众参与城乡规划的现状进行评析，即只是法条分析的部分，至于实施过程中的内容，本书将在第四章城乡规划领域公众参与的运行模式及状态进行分析。

二、公众参与城乡规划法律条文分析

（一）规划立项阶段公众参与缺失立法规制

从上文分析可以看出，目前我国城乡规划领域公众参与条款只分布在规划编制阶段以后，在规划的启动阶段是不存在普通公众参与的可能性的，仅仅在部分修建性详细规划的启动中规定，特定利害关系人可以根据控制性详细规划的内容要求编制特定地块的修建性详细规划。但这一部分严格意义上还不能算公众参与的方式，因为仅限于获得地块使用权的开发者具有参与的权利，而此参与权是与其切身经济利益密切相关的。

一般而言，以下城乡规划方面的信息不属于政府主动公开的范围：（1）规划立项的说明书或建议书；（2）规划主管部门编制规划草案前的调查结果；（3）规划草案的说明与相关文件资料；（4）与规划草案的制定、修改、撤销、替换相关的文件，以及一定情形下，地方规划当局所获得的证明材料；[①]（5）规划主管部门的公共活动与决议；（6）听证会议的提案文件资料副本；（7）规划审批机关批准后不予批准的理由等。究其原因，无非是这些事项涉及行政内部文件或者保密性内容，没有公众参与的必要或不便于公众参与。

但是，仔细分析可以发现两个问题。其一，不是所有规划启动部分的内容都没有公众参与的意义。例如，对于规划主管部门编制规划草案前的调查结果是完全具备公众参与的必要性的，因

---

① 董秋红：《行政规划中的公众参与：以城乡规划为例》，载《中南大学学报（社会科学版）》2009 年第 2 期。

为政府主导型的行政模式下，政府规划部门所获得的调查信息必定比普通公民全面深入更具说明价值。而这部分不公开将会直接影响后续公众参与的有效性；其二，公众参与不能提出设立新规划，即规划启动权丧失，直接表明我国公众参与仍然处于较低层次。①

---

①　公众参与意味着"咨询"这个观念遭到了美国学者 Arnstein 的抨击，Arnstein 在 1969 年发表了论文《市民参与的阶梯》（A Ladder of Citizen Participation），对城市规划中公众参与的程度进行研究，认为衡量公众参与程度的标志是公众所获决策权的大小。她按这个标准，设计了一个所谓的"公众参与"的阶梯，这个梯子的不同档位代表着公众参与规划的不同程度，她提出的这个阶梯分为 3 个层次、8 种形式：

（1）最低的层次是"没有参与"，由 2 种形式组成。这一层面的参与，实质上是规划制定后由公众来执行，公众并未真正参与到城市规划的过程中，公众的意愿没有也不可能得到反映。第 1 横档是"执行操作"，即一些政府机构早就制定好了规划，他们所要进行的所谓公众参与就是让公众接受规划；第 2 横档是"教育后执行"，政府编制规划后，通过对公众的宣传教育，调教公众的态度和行为，从而使公众接受规划。

（2）第二层次是"象征性的参与"，其中又分为 3 种形式，即第 3、4、5 横档。在这个层面上公众能够参与到城市规划的过程中，公众的意见得到听取，但在这一层面上，公众仍然是消极和被动的，他们的意见对规划决策不能产生直接的作用。第 3 横档是"提供信息"，即政府向市民提供关于政府计划的信息并告诉市民的权利、责任；第 4 横档是"征询意见"，即政府在制定规划过程中听取公众的意见，征询他们对规划的意见和想法，政府编制规划时对此予以考虑；第 5 横档是"政府让步"，即政府对公众提出的某些要求作局部性的退让，在此过程中，政府、规划师和公众之间有小范围的互动。

（3）第三层次是"市民权力"，其中又分为 3 种形式，即第 6、7、8 横档。在这个层面上，公众通过与政府、规划师的全面互动，参与到规划决策中。第 6 横档是"合作关系"，即政府与公众之间建立起合作的互动联系；第 7 横档是"权利代表"，即政府在作出规划决策时由不同的利益代表参与其中，使不同的利益团体的具体利益能够得到充分的反映，他们可以对最后的决策产生重要作用；第 8 横档是"市民控制"，即所有的规划决策由公众进行全面的控制，使公众的利益得到全面的实现。参见 Arnstein, S. R., ALadder of Citizen Participation, Journal of American Institute of Planners, Vol.35, No.4（1969）。

公众只是在规划机关允许参与时参与，规划机关提供参与模板（规划草案）后，公众只能被动参与，没有选择权。当然，我们也并不是一言概之要求所有规划都在启动阶段设置公众参与权，毕竟行政规划还存在整体性与公共利益维护的目的，同时行政效率价值追求尽管退居第二位但也并不是完全放弃。例如，对于城市总体规划、城镇体系规划，启动阶段的公众参与基本不能实现。但是对于控制性详细规划和修建性详细规划，笔者认为应当具有参与的可能性，原《城市规划编制办法》亦是如此规定的。① 而现实立法中对于修建性详细规划仅仅允许土地开发使用权者提出制定请求的做法（《城乡规划法》第21条）也过于片面，应该赋予全体公众而不仅仅是利害关系人参与权。

总之，规划启动阶段公众参与的缺失使公众无法在立项阶段就提出异议，规定公众参与始于报送审批前的时间阶段，使得城乡规划草案成型于公众参与之前，这违背了"尽早与可持续参与"的基本趋势，也无法保证规划的正确性、合理性和科学性，同时变相的使规划的执行力降低，也不符合信息公开中行政过程一律公开的要求。

（二）法条内容表述不甚明了，范围、概念等关键语界定不清

尽管《城乡规划法》扩大了公众参与的范围，公众参与法条

---

① 《城市规划编制办法》在规划征求公众意见的规定采用了"两分法"，即区分城市总体规划与详细性规划，将城市总体规划的公众参与时机确定为草案报送审批前，而将详细规划听取公众意见的时机确定为"编制中"，这种做法是符合"尽早和持续的公众参与"这一基本趋势的，而《城乡规划法》将所有城乡规划的参与都无差别地限制在规划草案报送审批前，无疑是一种退步。

相较原《城市规划法》增加许多。但是综观法条内容，基本属于原则性、概括性规定，这一方面是由于立法技术的问题，更为关键的是立法机关似乎有意模糊化某些概念和范围，从而给规划机关留下裁量和选择的余地。以下逐条进行分析（以《城乡规划法》为例，分析代表性公众参与条款（第26条、第27条、第46条、第48条、第50条）：

1.《城乡规划法》第26条①

《城乡规划法》第26条历来被看做公众参与的范本，这里存在几个问题：第一，公告的范围和方式没有说明。规划草案制定完毕后需要在什么范围和幅度内公告，公告的方式是什么，本条均没有明确。第二，"其他方式"语焉不详。"或者"表明规划机关可以任意选择方式。实践中其他方式包括座谈会、调查问卷、向社会公开征求意见等。相比较听证会、论证会等形式明显法律效力减弱。"或者"表明选择之一即可，规划机关存在倾向于采用简单易便、约束机制弱的方式方法从而规避听证会、论证会的可能性。第三，"应当充分考虑"是过于表述化的语言，专家与公众意见的选择与取舍没有说明判断标准。"充分考虑"的判断标准自然是一个自由裁量的范畴，没有确实的准则。另外，对于专家意见的考量是出于对行政专业性的尊重，对于公众意见的考量是基于民主化趋势的发展和权利的保障，当二者碰撞时如何取舍？专家当然具备更多的专业优势，但是专业角度与利害关系人的角度不一定重合，而且往往是不重合的。同时专家和行政利益的分离

---

① 《城乡规划法》第26条规定："城乡规划报送审批前，组织编制机关应当依法将城乡规划草案予以公告，并采取论证会、听证会或者其他方式征求专家和公众的意见。公告的时间不得少于三十日。组织编制机关应当充分考虑专家和公众的意见，并在报送审批的材料中附具意见采纳情况及理由。"

并没有直接的制约机制，专家具备充当"行政代言人"的可能性。① 第四，本条没有规定公众参与的制约与保障规则。如果未在报送审批的材料中附具意见采纳情况及理由，不但在本条缺乏救济途径，在《城乡规划法》第五章"监督检查"、第六章"法律责任"中也没有相应规定。

2. 《城乡规划法》第 27 条、第 46 条②

这两条因为规范对象均是省域城镇体系规划、城市总体规划和镇规划，因此一并进行分析。

存在以下几个问题：第一，第 27 条排除了总体规划批准之前公众参与的可能性，仅仅规定"有关部门"及专家具有参与权，上文已分析基于城乡规划的公共利益性、整体性及效率性，总体规划等规划种类是不适宜在规划启动阶段运用公众参与规则，但是并不能据此否定该类规划所有阶段的公众参与权的行使。也就是说，制定与否由规划机关把握衡量，但制定完毕公众是可以发表看法的。在规划的确定阶段排除公众参与权是没有法理基础的，只能承认是公众参与的程度不高。第二，第 46 条对于上述三类规划实施阶段规定了公众参与权，实际上变相给予了公众对于规划运行的异议权。在实施执行规划过程中，专家和有关部门具有评估权，普通公众具有发表意见权。这里除了与第 26 条同样的"其

---

① 从广义角度讲，专家也是公众的一分子，但是由于专家在专业性上的特殊属性，在公众参与活动中，往往将二者分离开来予以讨论。

② 《城乡规划法》第 27 条规定："省域城镇体系规划、城市总体规划、镇总体规划批准前，审批机关应当组织专家和有关部门进行审查。"《城乡规划法》第 46 条规定："省域城镇体系规划、城市总体规划、镇总体规划的组织编制机关，应当组织有关部门和专家定期对规划实施情况进行评估，并采取论证会、听证会或者其他方式征求公众意见。组织编制机关应当向本级人民代表大会常务委员会、镇人民代表大会和原审批机关提出评估报告并附具征求意见的情况。"

他方式"不甚明确，缺乏救济机制等问题外，"有关部门"也是模糊型概念，至少应该列举式规定"土地、建设、环保等部门"，而完全用"有关部门"的表述有失妥当。

当然，值得肯定的是，第 27 条、第 46 条相较第 26 条有所变化，而且此种变化是良性的。首先，关于公众参与的方式规范，第 26 条表述是"应当充分考虑专家和公众的意见"，第 27 条表述是"应当组织专家和有关部门进行审查"，从约束程度而言第 27 条毫无疑问更加强势，"审查"和"考虑意见"不是一个层面的语义范畴，尽管第 27 条的审查权只赋予了专家和有关部门。其次，第 26 条"在报送审批的材料中附具意见采纳情况及理由"的对象是上一级人民政府，而第 27 条、第 46 条"提出评估报告并附具征求意见的情况"的对象是本级人民代表大会常务委员会、镇人民代表大会和原审批机关，原审批机关实际上就是组织编制机关的上一级人民政府。这里可以看出，从立法保障层面而言，城乡规划制定完毕实施过程中的公众参与相较于制定审批之前更为充分，规划草案未批准前公众参与的意见采纳情况只需要提交审批机关即可，本质上仍然是行政内部上下级之间的监督，而规划实施阶段中的评估报告及意见征求情况除了提交给上一级人民政府，还增加了外部人大及人大常委会的监督，从监督范围看更为全面。当然，需要注意的是，尽管第 26 条在诸多方面存在不足，但是第 26 条在意见征求后提交的是"意见采纳情况及理由"，明确规定了说明理由制度，但第 27 条及第 46 条只是表述为"征求意见的情况"，并没有说明意见是否采纳及采纳与否的理由，似乎只是列举出意见的内容即可。

3. 《城乡规划法》第48条、第50条①

这两条均是涉及利害关系人参与权的内容，与传统无利害关系人的普通公众参与有所不同，因此一并进行分析。

这两条均是针对详细性规划的，第48条针对控制性详细规划，第50条针对修建性详细规划。对于控制性详细规划，其修改必要性的提出是规划编制机关，公众包括利害关系人均没有参与权。利害关系人在编制机关论证完毕修改必要性决定作出后，可以进行有限度的参与，表现在意见征求。这里存在三个问题：第一，普通公众对于控制性详细规划的参与权被剥夺。对于总体规划、体系规划，普通公众均有参与权，而对于详细规划却丧失了参与权，这似乎是一个悖论。同时仅仅赋予利害关系人参与权可能造成个别利益与公共利益的冲突。第二，利害关系人提出意见后，由规划编制机关提出专题报告。这里未明确利害关系人意见的作用，只是为规划编制机关专题报告的写作提供参考，抑或是必须标明采纳与否及说明理由。从本条看，只是规定组织编制机关必须征求意见，没有对意见的回应情况作出规范。第三，"规划地段内的利害关系人"似乎已经表明了利害关系人的范围，只限定于规划涉及的地段范围内。但是只有规划地段内的居民才属于利害关系人范畴吗？相邻地段的居民不属于利害关系人吗？相邻关系

---

① 《城乡规划法》第48条第1款规定："修改控制性详细规划的，组织编制机关应当对修改的必要性进行论证，征求规划地段内利害关系人的意见，并向原审批机关提出专题报告，经原审批机关同意后，方可编制修改方案。修改后的控制性详细规划，应当依照本法第十九条、第二十条规定的审批程序报批。控制性详细规划修改涉及城市总体规划、镇总体规划的强制性内容的，应当先修改总体规划。"《城乡规划法》第50条第2款规定："经依法审定的修建性详细规划、建设工程设计方案的总平面图不得随意修改；确需修改的，城乡规划主管部门应当采取听证会等形式，听取利害关系人的意见；因修改给利害关系人合法权益造成损失的，应当依法给予补偿。"

人的利害关系已经被行政诉讼法的司法解释所肯定，对于具体行政行为具有原告资格，怎么能够使其对于规划内容甚至连表达意见的权利都丧失了。同时本条也未确定利害关系人如何知晓规划即将修改，即组织编制机关的事先公布程序缺失，以及利害关系人如何证明自己的利害关系等内容。

关于第 50 条涉及的修建性详细规划，法条规定"确需修改的"，这里未明确认为"确需修改"的主体，从本条含义看应该只是编制机关，利害关系人是没有修改启动权和提议权的。这与第 48 条"组织编制机关应当对修改的必要性进行论证"相同，修改变更的启动权都未赋予公众至少是利害关系人。而在我国台湾地区，依土地权利人申请的变更可以引起城市规划的变更。① 另外，本条规定采取"听证会等形式"，而没有表述为"听证会、论证会或者其他方式"，与其他法条衔接性上不一致。那么此处的"等"是"等内等"还是"等外等"，是包括论证会及其他形式还是只是听证会这种类似的严格形式？立法者没有予以说明。"因修改给利害关系人合法权益造成损失的，应当依法给予补偿"表述中，"合法权益"确定不清，"合法权益补偿"也只是最低标准，"侵犯利害关系人权益应当予以赔偿"的文字缺失。同样，本条也存在"利害关系人"界定不清、普通公众参与权被剥夺、缺乏相关救济途径等问题。

（三）公开公布程序规定过于原则、概括、抽象

从现有《城乡规划法》法条来看，除了上述的主体性公众参

---

① 我国台湾地区"都市计划法"第 24 条规定："土地权利关系人为促进其土地利用，得配合当地分区发展计划，自行拟定或变更细部计划，并应附具事业及财务计划，申请当地直辖市、县（市）（局）政府或乡、镇、县辖市公所依前条规定办理。"

与条款，其他属于信息公开层面的公众参与条款有第 8 条、第 9 条、第 40 条、第 43 条、第 54 条。整体来看，这些规定均较为原则化、概括化。如第 8 条、第 40 条第 3 款、第 54 条等，① 法律条文均是陈述了应然性状态，没有规范实然性内容。如若不公布如何？若查询权受阻如何救济？公众查阅与监督的方式方法是什么？

因此，城乡规划信息公开的有效性是值得研究的课题。"一个没有大众信息，或民众缺少获得信息的方式的政府充其量不过是法国大革命的序幕或一场悲剧：也许是二者兼而有之。知识将永远支配无知：一个意欲做自己的管理者的民族必须用知识给予的力量来武装自己。"② 城乡规划制定、修改、实施过程中，只有充分保障公众享有的知情权，才具备公众参与权实现的可能性。至少应在以下几点予以注意：其一，城乡规划的全过程都应该进行公开，规划确定阶段也不例外，城乡规划立项与规划草案的制定过程应当属于公开的范围，而不是制定草案完毕后才公开，允许公众参与。其二，按照《城乡规划法》要求召开的听证会、论证会等会议的相关情况也应当公开，包括报审时附具的意见采纳情况等内容也应当反馈给公众。也就是说，公开的范围不仅限于城乡规划本身，相关内容都属于公开事项。其三，明确"公开"与"公告"的区别。所谓公告是国家权力机关、行政机关向国内外郑重宣布重大事件和决议、决定时所用的一种公文。因此，公告只

---

① 《城乡规划法》第 8 条规定："城乡规划组织编制机关应当及时公布经依法批准的城市规划。"《城乡规划法》第 40 条第 3 款规定："城市、县人民政府城乡规划主管部门或者省、自治区、直辖市人民政府确定的镇人民政府应当依法将审定的修建性详细规划、建设工程设计方案的总平面图予以公布。"《城乡规划法》第 54 条规定："监督检查情况和处理结果应当依法公开，供公众查阅和监督。"

② ［美］T. 巴顿·卡特：《大众传播法》（第 5 版），法律出版社 2004 年版，第 14 页。

是告知相关事宜，而并不是必须公开需要公告之具体内容。立法中使用"公告"，而不使用"公开"，根据文义解释，似应作如下理解，即规划编制部门依法仅告知规划草案相关事宜，而不承担主动公开规划草案具体内容之义务。① 另外，"公示"、"公布"的含义也与"公告"类似，都只是"公开"的一方面，内涵和外延均比"公开"范围小。其四，对于信息公开的救济方式进行规范，否则仍然只停留在城乡规划部门的"恩赐"权利层面，而不能称其为一种法定权利。

本章小结

在现代行政法中，"一个日益增长的趋势是，行政法的功能不再是保障私人自主权，而是代之以提供一个政治过程，从而确保在行政程序中广大受影响的利益得到公平的代表。"② 本章是有关法律规范层面城乡规划领域公众参与的机制研究，力求探寻立法角度公众参与城乡规划的表现方式、制定内容、完善机制。首先，文章分析了我国城乡规划立法的法律法规体系，分别从横向和纵向、中央和地方进行分类；其次，为了后续说明的清晰，简要介绍了城乡规划的体系构成，包括总体规划与详细规划，后者又分为控制性详细规划与修建性详细规划；再次，从城乡规划相关法律领域摘录法条进行逐一解读，说明法律规范层面的规定现状，然后再从城乡规划制定过程的步骤分别论述分析公众参与的法条内容，力求通过这两个角度使公众参与城乡规划的立法内容得到

①　董秋红：《行政规划中的公众参与：以城乡规划为例》，载《中南大学学报（社会科学版）》2009 年第 2 期。

②　［美］理查德·B. 斯图尔特：《美国行政法的重构》，沈岿译，商务印书馆 2002 年版，第 2 页。

全面展示；最后，本章重点探究了现行法律规则的不足与尚需完善之处，指出尽管整体趋势体现出公众参与的扩大化，但是仍然存在规划立项、确定阶段的公众参与缺失，信息公开表述不甚清晰等问题。

第三章　城乡规划领域公众
参与机制比较分析

公众参与概念本身是一个"舶来品"，城乡规划领域的公众参与也是美国在 20 世纪 20 年代立法中首次予以规定。[①] 因此，要对中国城乡规划领域公众参与机制进行分析、设定和总结，对域外制度的考察是必不可少的，这不仅仅是因为制度的起源与演变首先发生在域外，更为重要的是我国现行制度基本是借鉴域外制度设置的，但是这样的设置模式是否符合中国的实践需要和法治土壤，域外先进制度与中国规划国情如何完美结合，这都是尚待考察的问题。而回答这些问题的前提是对国外城乡规划公众参与制度进行分析探究。因此，本章将逐一对美国、德国公众参与在城乡规划领域的制度模式进行考察，力争能够抽离出城乡规划领域公众参与的一般性原理，从而指导中国的制度建设。

第一节　美国城乡规划领域
公众参与制度考察

从世界范围而言，城乡规划领域的公众参与起源于美国，发

---

①　体现在 1924 年的《标准分区规划授权法案》（Standard State Zoning Enabling Act）和 1928 年的《标准城市规划授权法案》（Standard City Planning Enabling Act）。

展于美国，对包括中国在内的世界各国具体制度影响深远的仍然是美国，因此，讨论域外的制度实践首当其冲的应该考察美国制度。

一、历史发展

（一）早期

1909 年《芝加哥总体规划》被公认为世界范围内城市规划的始源，该规划主要从技术层面设置了芝加哥城市的规划内容，并未赋予其法律效力，因此尽管首次对城市功能进行了规划预设，但是还未上升至规划法律制度的层面，当然也谈不上公众参与的规则设置。1916 年的《纽约州分区条例》① 是法律意义上规划制度的起点，该分区条例对城市土地的用途、容积率以及建筑物的高等做了限定，并且这种限定具有法律效力。由此城市规划法成为法学中的一个具体分类，而《纽约州分区条例》的示范作用使得美国绝大多数城市在 20 世纪 20 年代都颁布了类似的城市分区条例。②

基于这样的背景，为了使全国范围内的分区条例有章可循，美国商务部咨询委员会分别于 1924 年和 1928 年编制了《标准分区

---

① "分区"一般译为"Zoning"，意思为"分区规划"或"区划"。主要指依据建筑物及设施等的性质和用途范围，将市政法人划分成若干个区，如工业区、商业区、住宅区等的制度，参见薛波主编：《元照英美法辞典》，法律出版社 2003 年版，第 1434 页。Zoning 在美国的城市规划体系中占有重要地位，类似于我国的详细性规划种类下的控制性详细规划，参见夏南凯、田宝江、王耀武编著：《控制性详细规划》（第 2 版），同济大学出版社 2005 年版，第 16—22 页。

② 参见陈振宇：《城市规划中的公众参与程序研究》，法律出版社 2009 年版，第 31 页。

规划授权法案》（Standard State Zoning Enabling Act）和《标准城市规划授权法案》（Standard City Planning Enabling Act）供各州立法时参考，这两部标准授权法案在很大程度上影响了各州的规划立法。根据这两部标准法案，公众有权在规划草案编制完成以后通过公共听证会发表自身对于规划草案的意见和主张，这是最早的关于公众参与城乡规划的制度规定，也确立了城乡规划中实施公众参与的基本原则，其最大亮点在于"双听证会"制度的创设，两部标准授权法案都将举办公共听证会（public hearing）视为城市规划的必经程序，并且将城市规划过程中的听证会分为两个阶段：第一阶段：行政机关在规划编制阶段的听证。城乡规划的草案编制权归属于规划行政机关，其负责制定规划草案的最初版本，该版本经过规划委员会等规划行政机关批准后才能正式提交给立法机关进行审查。《标准分区规划授权法案》特别规定，在规划行政部门提交草案给立法部门审查之前，必须召开公共听证会，对规划草案的最初版本听取各方意见。第二阶段：立法机关在规划确定阶段的听证。规划行政机关举行公共听证会后，根据听证会意见进行规划草案修改，之后将正式规划草案提交立法机关进行审查，由此进入规划确定阶段。在该阶段，立法机关必须再次举行公共听证会，《标准分区规划授权法案》明确规定："未经公共听证的分区规划是无效的。在公共听证期间，应当为利害关系人和市民提供一个被倾听的机会。至少提前 15 天，在城市政府的官方报纸或者发行量较大的报纸上发布通告，告知听证会的时间和地点。"①

　　《标准分区规划授权法案》和《标准城市规划授权法案》对美

---

① 参见《标准分区规划授权法案》，Department of Commerce，A Standard Zoning Enabling Act，Sec. 4（1924）。

国各州的规划立法产生了重要影响。直到 20 世纪 70 年代以前，各州关于公众参与的立法规定沿袭了两部标准授权法案的规定没有改变。但是也应当看到，尽管两次公共听证会的规则设置是首创，但仍然存在若干不足，例如，公众的听证参与权仅仅存在于规划草案编制完成之后，在规划的编制启动阶段是不存在公众参与的；另外，行政阶段的公共听证会仅仅是原则性规定，要求规划编制行政机关必须举行听证会，至于听证会的时间、通告方式、内容等都未做具体规定。

（二）晚期

进入 20 世纪 70 年代，美国城市规划公众参与的制度规则发生了重大变化，"尽早与可持续参与"的基本原则深入人心。这是与美国社会 20 世纪 60 年代以来公众参与理论的发展密切相关的。

1960 年，阿诺德·考夫曼首先提出了"参与民主"概念，经由卡罗尔·佩特曼等人的推动，1970 年前后参与民主理论成为西方社会的一个重要流派，参与民主认为真正的民主应当是所有公民的直接的充分参与公共事务的决策的民主，从政策议程的制定到政策的执行，都应该有公民的参与。参与民主理论在 20 世纪后期逐步发展成为协商民主（deliberative democracy）理论，协商民主力图通过完善的民主程序、扩大参与范围、强调自由平等的对话来消除冲突、保证公共理性和普遍利益的实现，以修正代议民主的缺陷与不足。[①] 正是在这样的背景之下，城乡规划中的公众参与程度大幅提高，公众参与不仅仅局限于规划编制阶段与规划确定阶段，在规划启动阶段也实施讨论和协商等公众参与方式。并

---

① ［美］卡罗尔·佩特曼：《参与和民主理论》，陈尧译，上海世纪出版集团 2006 年版，第 8 页。

且这样的讨论和协商会涵盖整个规划过程。这样，公众可以对整个规划的形成过程发表意见，而不仅仅是象征性的发表对规划草案的意见，公众对规划方案的影响力大大增强。

1973 年的《俄勒冈规划法案》（Oregon Planning Act of 1973）是首个要求市政当局（Municipality）在规划过程中促进"更多公众参与"的法案，该法案要求在州规划委员会下设立一个"公众参与咨询委员会"，委员会的主要任务是"确保市政当局能够形成一套旨在促进城市规划草拟、确定以及修正过程中的公众参与方案。① 之后，美国大多数地方立法都相继确立了"尽早和可持续参与"的原则，例如，科罗拉多州规定"为了鼓励公众参与，城市委员会在整个规划程序中都要接受以及考虑口头或者书面的公共评论。"② 缅因州规定："在分区条例准备过程中，公众应当有足够的机会发表意见。"③ 爱达荷州规定："作为规划程序的一部分，规划委员会或者分区条例委员会应当召开市民会议、举行听证、调研或者其他有助于在规划制定和实施过程中收集公众建议的程序。"④ 佛蒙特州规定："在规划程序开始和整个规划程序中，规划委员会应当通过举行工作会议的方式，为地方市民和组织提供参与的机会，以满足他们的需要。"⑤

由此，在早期立法规定保持严格的听证会程序的基础上，出现了旨在鼓励公众更多参与规划的原则性条款。例如爱达荷州规定："……采取有助于在规划制定和实施过程中收集公众意见的程序。"这只是一种概括式原则性规定，并未采用列举方式详细说明

---

① Or. Rev. Stat. § 197. 160 (1973).

② Colo. Rev. Stat. § 30 – 28 – 106 (2002).

③ Maine Rev. Stat. Ann. tit. 30 – A, § 4352 (1996).

④ Idaho Code § 67 – 6507 (2002).

⑤ Vt. Stat. Ann. tit. 24, § 4384 (2002).

公众参与的具体规则和形式，体现了城乡规划领域的公众参与从羁束性规定逐渐转变为自由裁量性规定。

二、背景分析

上文已述，美国规划领域的公众参与制度经历了早期和晚期两大阶段，具体表现为：早期（20世纪70年代前）公众参与存在于规划编制及以后阶段，主要表现为"双听证会"制度等羁束性规定；晚期（20世纪70年代后）公众参与存在于规划启动、编制、确定以及实施等各个阶段，主要表现为"尽早和可持续参与"的原则性规定。

那么，造成这种变化差异的原因何在？这种历史发展脉络是否有其必然性？对世界范围内城市规划领域公众参与制度的发展产生了何种影响？

（一）基础理论背景

早期美国城市规划领域公众参与的羁束性规则设置主要是遵循宪法"正当法律程序"要求的结果。《美国宪法修正案》第5条及第14条分别对联邦权力和各州权力进行了限制，规定"未经正当法律程序，任何人不得被剥夺生命、自由和财产。"城市规划权作为州政府的一项重要行政职权同样受到正当法律程序的制约，因为毫无疑问，城市规划权是涉及私人权益的重要行政权力运作，其有关土地分配、交通规制、区域发展等内容具备广泛的私权利害关系。因此，早期"双听证会"制度的创设实际是在"正当法律程序"基础理念的规制下作出的选择，"法院正是通过正当程序条款帮助公众巩固了在城市规划中的作用，确保了公众至少能够在规划的最后阶段参与其中……公众只获得了正当程序条款所赋予的最基本的程序权利。"①

而19世纪70年代参与式民主理论发展以后，城市规划领域的公众参与权利逐渐超越了正当法律程序的界限，不再仅仅是宪法赋予的法律权利在规划领域之体现，而成为规划领域的一项当然性参与权利，其权利保障内容不仅仅是防止公权力侵犯私权利那么简单，而应当是公民本身所具有的实质性权利。城市规划从酝酿、制定、确定、实施等各个方面都应该存在公民参与权，没有参与权运行的城市规划领域甚至可以认为行为效力存在瑕疵。因此，1970年以后，随着《俄勒冈规划法案》的出台，各州纷纷将"尽早与可持续的"参与原则以立法的方式确定下来。参与权成为涵盖城市规划领域的的一项基本公民权利。

由此看来，随着公众参与权理论基础的发展，参与权的性质也发生了变化，在"正当法律程序"理论模式下，参与权只是防止公权力入侵的被动型权利；而在"尽早与可持续参与"的理论模式下，参与权成为公众的一项天赋的主动型权利，通过广泛的、全方位的公众参与修正城市规划的不足、提升城市规划的可操作性与执行力。其实，不单是在规划领域，美国社会受参与理论的发展与影响，在诸多公共行政领域都广泛开展了公众参与，如1964年的《经济机会法案》中，约翰逊总统提出"向贫穷展开一场无条件的战争"，为了尽快实现反贫穷战争之胜利，经济机会法案提出"最大可行"参与条款，这一条款一定程度上也被认为是公众参与兴起的标志。②

---

① 陈振宇：《城市规划中的公众参与程序研究》，法律出版社2009年版，第31页。

② 除此之外，类似的还有1966年《模范城市和都市发展法案》提出的"广泛市民参与"条款等，此处不再一一赘述。

（二）规划专业发展背景

城市规划早期是作为一项科学性的、专业性的学科分类而存在的，从专业背景来讲，由于它的极强专业性与技术性，因此本身是排斥普通公众参与的，公众参与也被认为不具备可能性与操作空间。"规划被认为只是规划师的规划，规划师凭借其专业知识为城市制定最为适宜的城市规划方案。他们是'长官意志'的代言人。在城市规划理论方面，功能主义盛行。"[①] 对于普通公众而言，在城市规划的启动、编制、确定等阶段是没有任何发言权的，仅仅是出于法律层面的"正当法律程序"的要求，在城市规划实施的最后阶段可能会听取公众意见。但是由于公众参与的介入时间晚、介入程度浅，所以实质上无法对城市规划产生根本影响。因此，规划专业的早期认知实际上很大程度上影响了公众参与权的实现。城市规划是规划师的规划，而不是城市公众的规划，尽管从利害关系角度而言，后者比前者具备更强的关联性。

1960 年，《规划的选择理论》（A Choice Theory of Planning）与《规划中的辩护论与多元主义》（Advocacy and Pluralism in Planning）两篇文章相继发表，标志着城市规划专业对于城市规划的性质与认知发生了重大变化。《规划的选择理论》认为规划的整个过程都充满着选择，而任何的选择都是以一定的价值判断为基础的，规划师不应以自己的好恶替代大众的选择，这样的替代选择是不具有合法性的，城市规划的价值选择应当交由公众。[②]《规划中的辩护论和多元主义》一文提出了"辩护性规划"（advocacy plan-

---

① 田莉：《美国公众参与城市规划对我国的启示》，载《城市管理》2005 年第 2 期。

② Davidoff, P. & Reiner, T. A., A Choice Theory of Planning, Journal of American Institute of Planners, Vol. 28, No. 2 (1962).

ning）的理念，指出规划师应当借鉴律师的角色在规划过程中为不同团体的利益辩护。进而希望城市规划能够将城市社会各方面的要求、价值判断和愿望结合在一起，在不同群体之间进行充分的协商，为今后各自的活动进行预先协调，最后通过一定的法律程序形成规范他们今后活动的"契约"。① "辩护性规划理论对公众参与城市规划的理论和方法进行了大胆的设想和实践，在政府、规划师和公众之间建立了桥梁，推进了美国社会公众参与规划的进程。"②

　　这两篇文章的核心观点是肯定了城市规划的政治属性与价值属性，城市规划由于涉及城市生活的方方面面因而绝不可能只是城市规划师的囊中之物，从本源来说，它不但极大地影响了普通公众的基本权利，如土地私权、居住权、交通权等，而且涉及社会公共利益的保障与协调；从结果来说，没有公众参与的城市规划执行力受限，公众不认可的城市规划只是一纸空文，这也违背了规划师精心设计、运用专业知识编制城市规划的初衷。因此，从城市规划本身的性质与附随的可操作性角度而言，城市规划都具备极强的政治属性与价值属性，除了考虑自身专业性、科学性的特点外，更多的应该考量其价值判断和实施空间。换言之，规划师只是城市规划的操盘手，其本质上仍然是运用专业知识服务社会大众的，具有"代言人"与"辩护者"身份，但是无论如何也不能逾越公众主体本身。因此，规划师的联络作用必须特别强调，规划师在规划中应当引导公众进行更具有效性的参与。

　　正是由于城市规划对自身专业性质的再思考，明确了规划的

---

　　①　Davidoff, P. Advocacy and Pluralism in Planning, Journal of American Institute of Planners, Vol. 31, No. 4（1965）.

　　②　袁韶华、雷灵琰、翟鸣元：《城市规划中公众参与理论的文献综述》，载《经济师》2010 年第 3 期。

公众附属性职能，承认了城市规划所具有的价值属性与政治属性，肯定了城市规划具有政治利益博弈的色彩，因此，19 世纪 70 年代之后城市规划领域中的公众参与权逐渐超越了"正当法律程序"的最低限度，更大范围的公众参与逐渐形成潮流和规模。

另外，应当提到的是，联邦政府要求市民参与政府对地方项目投资经费开支的决策也对城市规划公众参与起到了不可忽视的促进作用。"为了保证公众参与的力度，联邦政府将公众参与的程度作为投资的重要依据，并制定了相应的法规。从 1956 年的《联邦高速公路法案》，到 70 年代的《环境法规》，再到 90 年代的《新联邦交通法》，都规定公众参与程度越高，联邦政府的投资比例就越大，反之亦然，这无疑对公众参与城市规划的程度和内容进行了不断深化。"[①]

三、基本模式

美国城市规划分为十个阶段，[②] 不同规划阶段公众参与的作用是不同的，一般认为市民在社区价值评价、目标确定、方案优选、规划修批和反馈中起主要角色作用，而在其他阶段起促进或支持作用。美国公众参与规划的方式多种多样，常见的有问题研究会、邻里规划会议和机动小组等，而市民起主要角色作用的规划阶段主要是公众会议，多以公众评议和公众听证会形式展开。规划方

[①] 黄峰：《中外城乡规划基本法律制度比较研究》，扬州大学 2010 年硕士学位论文，第 9 页。

[②] 依次为社区价值评价、目标确定、数据收集、准则设计、方案比较、方案优选、规划细节设计执行、规划修批、贯彻完成和信息反馈。参见陈志诚、曹荣林、朱兴平：《国外公众参与城市规划的经验与启示》，载《北京邮电大学学报（社会科学版）》2008 年第 4 期。

案在公众听证会进行公众意见听证，对规划方案中意见分歧很大的问题，将责成规划编制部门对其进行修改，并留交下一次听证会继续讨论。最终的规划方案交由城市规划委员会、城市议会规划委员会审阅表明态度，再由议会全会对其审查表决，规划方案需获 2/3 以上的赞成票方能通过。在审查审批阶段，亦同时伴有公众会议。①

以洛杉矶市为例，洛杉矶市制订城市总体规划多次大范围征求市民意见，并经由市听证会辩证和市委会投票通过。在"规划设计和选择方案"阶段，要进行市民复决，投票支持或反对方案，政府要为市民团体提供技术协助项目。洛杉矶市政府的规划部天天对公众开放，所有规划方面的法规、表格、激光演示及计算机查询系统免费由市民查询。政府还要培训市民有关分析方案用的规划技术。如地图分析、照片分析、市民模拟游戏等。进入规划实施阶段，政府可直接雇用市民代表在小区内工作，也可教育和培训市民，并设有"小区探访中心"或电话热线以解答市民问题和听取市民意见。② 由此可见，政府通过与市民的频繁接触和交流去提高行政参与度，增强了公众对于规划方案的认同与主体意识，既维护了不同群体的利益主张，客观上也提高了行政质量。

综上，美国城市规划领域公众参与制度从《芝加哥总体规划》开始，经历了"正当法律程序"范畴内的羁束规定，逐渐演变为广泛的、实质意义上的"参与理论"。公众在城市规划的各个阶段都享有全方位的参与权。当然，需要指出的是，美国广泛全面的

---

① 陈志诚、曹荣林、朱兴平：《国外公众参与城市规划的经验与启示》，载《北京邮电大学学报（社会科学版）》2008 年第 4 期。

② 吴茜、韩忠勇：《国外城市规划管理中"公众参与"的经验与启示》，载《江西行政学院学报》2001 年第 1 期。

公众参与权设置固然有理论基础演化、社会运动推动、规划专业自我反思等因素的影响。但是公益诉讼制度和信息公开制度的设立对公众参与权的反推作用也不容忽视,正是由于《清洁空气法》等一系列环境法案确立了公益诉讼制度,使得政府和企业为避免事后被诉而加强事前的公众参与和协商;正是由于《阳关下的政府法》、《情报自由法》等一系列信息公开法案要求行政机关公开信息、增强权力运作的透明度,使得公众参与活动的开展更加顺畅有效。

第二节 德国城乡规划领域
公众参与制度考察

德国作为大陆法系的典型代表国家,其城市规划的公众参与制度颇具代表性,以严格、确定、周密著称。相比美国而言,其公众参与城市规划的法律规定更为广泛和细致,具体参与方式的规定也基本是羁束性的。这种模式在公众参与城市规划已经成为不言而喻真理的今天,似乎更具有现实意义和实践价值,尤其对于我国目前城市规划公众参与仍处于起步阶段而言,德国的制度规则更具有参考价值和可操作性。

一、制度背景

(一)规划体系

德国在城市规划和城镇更新中都规定了公众参与的具体制度。在城市规划领域,将城市规划分为两个阶段,即预备性土地利用规划和建造规划，这两个阶段亦被统称为建设指导规划。①

预备性土地利用规划根据城市发展的要求在市域范围内安排各种土地利用种类，以确立城市发展的总体框架，其地位相当于城市总体规划。建造规划的工作对象比较具体，从一个单独的地块到一个或几个街区，直接面向具体的城市建设，与城市居民的日常生产、生活息息相关。② 原则上建造规划必须在相关预备性土地利用规划的指导下制定，然而当一个独立的建造规划已经能够满足城市发展的需要时，建造规划的编制可以不需要依据预备性土地利用规划。此外，建造规划的编制、修编、增补和撤销可以与预备性土地利用的相应过程同步进行。在特殊的情况下，还可以在预备性土地利用规划完成之前进行建造规划的编制、修编、增补和撤销。建造规划在德国被视为一种地方法律，其地位类似于我国详细规划中的控制性详细规划。③

（二）法律背景

德国宪法层面的《德国基本法》明确规定了"建造自由"等基本权利，在《德国基本法》指导下，联邦层面有关城市规划的法律有《建设法典》、《联邦土地使用法规》、《规划图例法》、《联邦自然保护法》等法律。其中《建设法典》被认为是城市规划法

---

① 殷成志：《德国城市建设中的公众参与》，载《城市问题》2005年第4期。

② 刘飞主编：《城市规划行政法》，北京大学出版社2007年版，第71页。

③ 本文第三章第一节"我国城乡规划领域公众参与法律体系分析"部分中已经提及我国详细规划分为控制性详细规划与修建性详细规划，一般而言，控制性详细规划被认为是抽象行政行为，而修建性详细规划被认为是具体行政行为。

的主体。而其他法律主要是规定城市规划的图纸和文本等专业技术内容,公众可以通过这些技术性法律更好地进行参与,提高公众参与的质量。

《建设法典》确立了城市规划的原则和程序,指导城市规划的编制和实施,涵盖了开发项目许可、土地再分配、公共基础设施项目的费用与补偿等主要内容。《建设法典》中规定:城市规划是城市政府自我管理的工作任务中的一项,城市政府对其负有责任。《建设法典》要求城市政府担负以下责任:"尽快、并当城市发展和区域规划政策要求时"制定城市规划。①

二、公众参与规则

通过上述德国《建设法典》对于预备性土地利用规划和建造规划制定程序的说明,可以看出德国城市规划公众参与实际上贯穿于规划编制的各个阶段之中,尤其是在规划编制阶段中的规划草案公众告知以及规划草案公示,另外还有议会审查过程中对于公众反馈意见的分析研究和处理。《建设法典》将上述三个重要的公众参与过程归纳为城市规划公众参与的两大阶段——初始公众参与和正式公众参与。

初始公众参与是指规划草案公众告知,《建设法典》并没有规定该过程的细节,只是进行了原则性规定。正式公众参与包括第三阶段的规划草案公示以及议会对于公众反馈意见的分析研究和处理,这两部分法律作出了详细规定。以下分别予以分析:

---

① 殷成志:《德国建造规划评析》,载《城市问题》2004 年第 4 期。

（一）初始公众参与

对于初始公众参与，《建设法典》规定了应该遵循的程序原则，而有关细节则由各地方政府制定。这些基本原则性规定有：

1. 公众参与的时机

公众应在"尽可能早的阶段参与规划"，只有在特殊情况下可以免除公众参与，但是这种特殊情况法典并没有详细阐述。一般是涉及保密性规划，由地方政府根据实际情况裁量。

2. 公众参与的内容

城市规划涉及的公众群体应该尽可能早地得知以下的信息：规划措施的总体目标和意图、规划地区更新或开发的主要备选方案、规划方案的可能影响。除此之外，公众应该得到合适的机会去评价和讨论规划。对于公众参与的主体顺序，实践中的重要问题是处理好公众参与和公共机构参与之间的时间关系，城市政府必须根据具体情况决定参与时间的最佳方案。一般比较谨慎的做法是首先征求公共机构的意见，理由是公共机构对于规划有着相对比较成熟的观点，而且其是专业化、组织化的团体。[①]

（二）正式公众参与

初始公众参与完成后进入正式公众参与阶段。此阶段需要进行规划草案公示以及公众意见反馈。

1. 规划草案的公示

城市政府至少在公示开始一星期之前通知公众。通知公众的常用方法是在政府公报或者在地方报刊杂志上刊载信息，也可以

---

① 殷成志：《德国建造规划评析》，载《城市问题》2004 年第 4 期。

在公共招贴栏或在市政厅展示窗上张贴声明。公众通告要包含规定的最小信息量，最小信息量的界定标准是必须能够使公众判断其自身是否受到了该规划的影响，从而决定是否行使公众参与的权利。实践中常用的方式方法是在公众通告中简要叙述规划措施的目的，并加入与实际规划相关的部分内容。公众通告要包括规划公示的时间和地点并明确指出公众在公示期间可以提出建议和反对意见。规划草案和附带的解释报告或理由说明要一并置于公示地点一个月。任何公民有权审阅规划、书面或口头表达反对意见和建议。最后由管理部门的官员整理成文字材料。这一阶段有权参与的公众与初始公众参与属于同一个范畴，但是此时行政官员只是将公众的建议和意见加以总结整理，没有对规划进一步加以解释的责任。

2. 公众反馈意见的研究和处理

《建设法典》详细规定了在正式公众参与阶段对于意见的处理方法。城市政府必须仔细研究所有上述行政官员总结和整理的意见和建议记录，对公众提出的事项加以慎重考虑。向每个提出建议和意见的公民汇报研究的结果。实践中，城市政府一般通过发布公众通告告知公众意见研究结果所放置的行政地点，公众可以前往查询。另一个做法是进行公众通告的同时，直接通知被确定为第一个提出此类反对意见的主体（如请愿书的组织者等）。如果城市政府决定不采纳建议和反对意见时，必须报上一级行政管理机构，并附带一份解释文件，说明规划的状况以及规划何时报批。

在大多数情况下，正式公众参与过程往往导致很多新问题出现，从而使规划草案必须修改或补充。此时就要求规划草案修改或补充后应再次进行公示。在实践中这一过程可能一再被重复，更多的规划公示和正式公众参与程序频繁进行。① 当然为了保障行政效率，《建设法典》也为这一过程提供了简化的程序内容。即当规划草案再次进行公示时，针对已经过修改或补充的内容，政府有权限制提出建议和反对意见的范围和条件。在建造规划的修编并不影响基本意图的情况下，或者对于预备性土地利用规划，修编只是极微小的部分时，重复的规划公示就可能免除。同时为保护特定主体利益，当这种情况出现时必须给予规划的修编所影响到的业主和公共机构以机会，使之能够在合适时间内表达意见。

下面以图表形式简要总结德国城市规划领域公众参与程序（见图 13）：

初始公众参与	正式公众参与
公众参与时机：公众应在尽可能早的阶段参与规划，特殊情况下可以免除	规划草案公示：规划组织部门至少在公示开始一星期前通知公众，载体包括地方报刊、杂志等。公示时期为一个月
公众参与内容：规划的总体目标和意图、规划地区更新开发的主要备选方案、可能影响等	公众反馈意见研究和处理：规划组织部门仔细研究记录。向提出意见的公民汇报结果。决定不采纳建议和反对意见，必须报上级行政管理机构说明实际情况
公众参与时序：处理公众参与和公共机构参与之间的时序，先征求公共机构意见，再征求公众意见	

图 13：德国公众参与城市规划程序图

综上所述，德国城市规划无论是预备性土地利用规划，还是建造规划，都在《建设法典》中规定了明确、细致的公众参

---

① 殷成志：《德国城市建设中的公众参与》，载《城市问题》2005 年第4 期。

与城市规划程序。其公众参与城市规划的目的是确保公民的"建造自由"宪法基本权利,增强城市规划方案的科学性、合理性和可操作性。实践证明,德国公众参与城市规划的效果的确非常好,这是与德国城市规划建设中公众参与具有牢固的法律基础、广泛的社会基础和有效的制度保障分不开的。这也证明,任何制度其实都与其法律土壤有密切关连性,德国公众参与城市规划的细致严谨性,是与德国严谨、规范、一丝不苟的法律传统,甚至是国情、国民性格一脉相承的;相反,美国的公众参与城市规划表现出的则更多地是一种自由裁量性和选择性,除了听证会制度的操作性规定外,其他方面基本都体现出一种原则性规定,在参与理论方面对世界城市规划领域的贡献要远大于具体规则制度方面。

第三节　美、德两国城乡规划公众参与制度的比较

前文分别选取了美国和德国城乡规划公众参与的制度规则进行了介绍与说明,之所以选择这两个国家,原因有三:其一,两国的城市规划均颇具特色,美国呈现出理论的丰富多元,德国呈现出规则的细致完善;其二,美国和德国的公众参与实践都比较发达,不光是在城市规划领域,在其他行政领域也力争实现公众参与的普遍化和有效性;其三,更进一步讲,从法律体系上看,美、德分别是海洋法系与罗马法系的典型代表,各自在法律规范领域设置了不同但实效的规则,而且对世界范围内的其他国家产生了深远影响。不仅是在城市规划领域,不仅是在公众参与领域,甚至不仅是在行政法领域、公法领域,美、德在法律制度设置层

面都存在非常明显的差异和代表性，在财产权等私法领域亦不例外。①

当然，笔者研究城乡规划领域公众参与机制，其实不仅仅在德国、美国，其他国家也存在特色制度。例如英国以其 1968 年《城乡规划法》的修订过程中产生的著名的《斯凯夫顿报告》，制定了与传统的公众参与有所不同的方法、途径和形式，被公认为是公众参与城市规划发展的里程碑。

一、制度共性

以上简要分析了美国、德国城市规划领域中的公众参与权之发展脉络和背景原因以及基本规则，接下来就两国城市规划公众参与权的特色做一探究和总结。

---

①　这里不可回避的追问是：为什么选择德国和美国而不是别的国家？标本的选取参考了我国台湾地区学者陈新民先生的著作，参见陈新民：《法治国公法学原理与实践》（上），中国政法大学出版社 2007 年版，第 277 页。在论及"宪法财产权保障之体系与公益征收之概念"时，陈先生加了个副标题："德国与美国的比较研究"；陈新民先生是留学德国的学者，德国法的知识背景毋庸置疑，在论述财产权和征收规范时，为什么要从德国法和美国法的比较中展开？另一篇美国学者的文章同样可以给我们提供这样的思路，美国康奈尔大学的 G. S. 亚历山大教授发表的《财产权是基础性权利吗？》，同样加了副标题：以德国为比较项。参见［美］G. S. 亚历山大：《财产权是基础性权利吗？——以德国法为比较项》，郑磊译，载胡建淼主编：《公法研究》（第 5 辑），浙江大学出版社 2007 年版，第 413 页。这种不约而同的标本选取方式给我们提供了这样的信息：德国法和美国法代表了财产权和征收规范的两种典型模式。正如陈新民先生所说："由于德国及美国对财产权的保障，以及涉及本问题的其他法律问题，早已进行深入之研究……"尽管继德国法、美国法之后，中国法的叙述思路落入俗套，却属不得已之举。转引自刘连泰：《宪法上征收规范的效力是否及于征税——一个比较法的观察》，载《现代法学》2009 年第 3 期。

（一）公众参与权涵盖城市规划的各个阶段

随着参与协商理论和规划政治理论的发展，美国、德国城市规划领域中的公众参与权早已跳出规划实施阶段的范畴，在规划启动阶段、规划编制阶段、规划确定阶段、规划实施阶段都存在广泛的公众参与权，而且从实践情况看，由于特别顾及规划方案实施后的操作性和效果，规划行政机关往往特别关注早期的公众参与，希望通过早期公众的介入促使公众全方位、持久地关注城市规划方案，事实证明，这样参与的效果比仅仅在规划方案成型后才启动公众参与要好得多。

而且，需要指出的是，美国城市规划公众参与除了全面性之外，还比较注重在不同规划阶段实施差异性的参与方式（见图14），力求对症下药，突出城市规划各个阶段的特色，而不是一律采用听证会等传统模式。

规划阶段	参与方式
规划制定阶段	公民咨询委员会、民意调查、街区规划委员会、流动机构
规划选择阶段	公众投票技术援助、参与设计、公众讨论会、听证会、游戏与模拟、通过媒体投票
规划实施阶段	雇佣公众到社区的官方构中监督、公众培训
规划反馈阶段	咨询中心、电话热线、公众来信来访

图 14：美国城市规划各阶段的公众参与方式

（二）公众参与机构设置多元化

美国设有专门的机构来联系和协调公众意见与政府决策。具体分为政府机构和民间机构两类（见图15）：政府公众参与组织又分为两种：一是小区规划办公室。这个机构是为市民提供规划技术的中介机构，是公众和政府进行信息沟通的渠道。并没有行政权，也不执行政府职权，在性质上不隶属于国家行政机关，具有相对的独立性。二是具有法律地位的参与主体，如小区规划理事会，市政府立法规定必须咨询它，它有权在小区规划和土地管理上制定哪些是要优先考虑的项目。

　　民间机构包括："住房与规划理事会"、"市民咨询委员会"、"特别目的规划组"、"市民规划委员会"等，性质上是讨论建议咨询式的组织。其中，"住房与规划理事会"由有声望人士和专业人士组成，为政府向市民交代政府政策和项目；"特别目的规划组"是一种利益团体和市民按共同需要或目标而组成的集团，如小区维修、道路建设等。这些非政府组织的专业人员以专业知识为公众提供技术服务，从而增加了公众与政府协商评判的能力。①

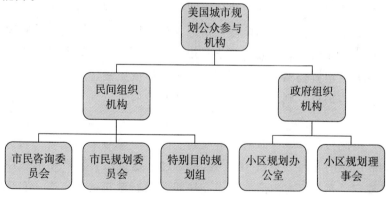

图 15：美国城市规划公众参与机构图

---

　　①　李杰：《我国城乡规划中公众参与制度研究》，重庆大学 2009 年硕士学位论文，第 13 页。

德国虽然在公众参与城乡规划阶段没有民间与官方机构之分，公众参与都是由行政主管机关引导完成的。但应当指出的是，德国在公众参与中尽管缺乏民间与政府之间的制衡与协调，但是也许是出于控制和限权的目的，其在公权力内部也设置了多种机构来通力完成城乡规划中公众参与。在此简单回顾一下德国城市规划的制定审批程序：

首先在规划草案的编制阶段中，由具有专业行政职能的委员会完成，可能是规划委员会，可能是其他技术委员会，另外如有必要其他专业委员会也应当参加。同样，相关的公共机构也有权参加规划草案的协商与讨论，这些公共机构包括贸易监督委员会、水管理机构、自然保护和历史纪念物保护部门、公路部门、铁路部门、邮局、军队、教堂、工商及各手工业商会等。在包括以上这些所有行政部门的行政系统完成对规划草案的编制后，规划草案提交给立法机关议会进入规划审查阶段，议会经过审查、听取意见后，通过决议表明对规划草案的认可，之后进入最后的规划报批及公示阶段，由地方议会提交给上一级行政管理机关，即州政府。州政府再次对规划进行审查，时间期限为3个月。如果审查仍然无误，规划是法定主体依照法定程序制定且不存在内容瑕疵，则原规划编制主体所在政府可以发布公告，规划生效。

由此可见，尽管德国城市规划中的公众参与主体没有民间机构和组织的介入（见图16），但是通过《建设法典》严格的程序性规定，在公权力内部实现了立法机关对行政机关的审查，实现了上级机关对下级机关的审查，最大可能地保证了城市规划的合法性与合理性。

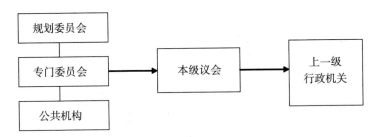

图 16：德国城市规划编制主体

（三）配套立法明确保障最大限度之公众参与权

美国城市规划行政权属于地方州权，城市规划的相关立法也大多由州立法进行，公众参与的条款也基本先由州立法确立，再由联邦统一立法制定标准供各州参考。值得注意的是，无论是地方立法抑或是联邦立法，都无一例外地吸收"尽早与可持续参与"原则，保障最大程度的公众参与权，而且对于公众参与中"公众"的范围未加限制。①

德国也同样颁布了配套立法保障公众参与权的更好行使，如在中央层面《联邦土地使用法规》、《规划图例法》等法律，确定了城市规划编制的技术标准。公民可以通过了解上述两部法律的规定，理解城市规划图纸和文本的技术含义，《联邦自然保护法》等相关法也对涉及自然保护的城市规划公众参与进行了规定；在地方层面，各州在联邦法律的基础上，根据自身特点制定各种相关建设法律法规和专项规划法律法规对公众参与条款予以

---

① 如 1978 年美国环境质量委员会发布的《国家环境政策法实施条例》详细规定了建设项目环境影响评价的实施程序中的公众参与制度，并没有强调"具有利害关系的主体"，这就使现实中参与城市规划建设项目环境影响评价提出意见和建议的主体具有广泛性。

细化。

（四）规划信息透明、公开，公众参与权行使不存在信息障碍

公开是公众参与的前提条件，规划行政主体应及时公布有关规划程序，提供公众规划技术，满足公众的知情权、参与权和管理权。可以说，信息公开的概念既是对民主宪政理念的延伸和发展，同时也依托民主宪政理念而存在。影响一个国家信息公开范围和强度的主要因素有四个方面：民主理念；配套制度；经济成本；技术发展。其中前两个要素是信息公开制度发展的基石，如果没有良好民主法治理念的奠基，没有完善的程序性制度（包括完善、"无缝隙"① 的司法审查制度）配套，那么信息公开即使建立也只是规则的设立，其执行实施必然遭受阻碍，无法实现制度意义上的信息公开。同时，信息公开也受到经济成本和技术发展两个因素的影响，如互联网技术的发展导致公众舆论的不记名压力，从另一个侧面推动了信息公开制度的发展。

信息公开与公众参与可以说是相辅相成的两个事物，在良好组织化的社会，充分的信息公开与信息自由和完善的公众参与是一个不可分割的有机整体。"一个组织化社会是公众参与和信息公开制度有效运转的基础。没有以组织化利益为基础的公民社会，行政权的扩张带来的只是统治关系的强化和个体自由的丧失。而有效的信息公开和公众参与，又是公民社会不断成长、发育的必要途径……政府信息公开制度和公众参与制度，可以实现政府和

---

① 本文将司法审查的全面性称为"无缝隙"的司法审查，尤其在信息公开领域，如果没有配套的诉讼制度对政府公开信息进行威慑性制度约束，那么信息公开只能是政府的一种"恩赐"而非义务。

社会间良性的信息互动，形成双向的信息流。"① 一方面，通过政府信息公开向外进行信息输出，其质量一定意义上决定着公众参与的实施效果；另一方面，公众参与中公众向政府输入信息，本质上也可以看成利益相关者输入信息的过程。相比较而言，后者的运行受制于前者信息开放的程度。这样看来，不但信息公开制度与公众参与制度共同成为公民社会发展的动力和基石，而且两者之间还存在不可割舍的内在联系。信息公开对于参与者的行动能力、组织能力、学习能力、教育能力都有功能性的作用。

上文已述，在美国城市规划领域的公众参与实现了全方位性的信息公开，关于规划方案的所有信息都向公众公开、公布，而且基本上是主动公开，而非依申请公开；德国在初始公众参与阶段就要求城市规划涉及的公众群体应该尽可能早地得知包括规划措施的总体目标和意图等信息。在正式参与阶段，还详细规定了规划方案的公示、对于反对意见反馈的公开通告等内容，可谓"倾其所有"的信息公开。而且美、德两国都无一例外地强调规划专业人士和组织对普通公众的信息指导和培训，美国突出规划师的作用，德国认同公共机构的功能。这都使规划方案的信息公开透明程度更高，公众对信息的理解与把握更为专业。

二、细微的差异

尽管美国、德国等发达国家城市规划领域公众参与具备诸多共性，但是在细微方面仍然存在差异性，囿于篇幅所限，不再详细赘述，以图表形式列举如下（见图17）。

这里需要说明两个问题：其一，从图表中也可以看出，这四个国家的公众参与城市规划尽管细究会存在些许差异，但是这些差异大多表现在参与方式的选择、参与组织的名称等方面，都不

---

① 王锡锌：《公众参与和行政过程——一个理念和制度分析的框架》，中国民主法制出版社2007年版，第118页。

是原则性、根本性、重要性的问题。尽早和可持续参与、信息公开透明、参与组织多元化等依然是各国的共性。其二，为了全面起见，尽管上文并未论述英国和加拿大的城市规划公众参与，但是下表也将这两个国家一并列入。①

①　其实，英国和加拿大的城市规划领域公众参与制度都具有特色。英国有统一的《城市规划法》，将城市规划分为结构规划（长期规划）与地方规划（短期规划）两种，公众参与是城市规划的基本制度。结构规划编制中的公众参与采取"公众评议"而不是"公众听证"的方式，更多地关注整个地区发展而不是考虑具体利益得失。在完成公众评议之后，结构规划呈报中央政府的主管部门，并附上公众评议的详细内容，经主管部门批准后结构规划具有法律效力，并作为地方规划的依据。地方规划的编制过程包括磋商、质询和修改三个阶段。在磋商阶段，要对规划草案进行为期6天的宣传，使社会各方（尤其是各政府部门）有机会了解规划和发表意见。在完成各种磋商之后规划部门公布规划，进行为期6天的公众质询，规划部门要分析各方意见并进行沟通，试图解决分歧，否则就要举行公众听证会，听证会中规划监察员的建议、地方规划部门的决策以及对地方规划的任何重要修改都要公布于众。如果所有的意见已得到妥善处理，地方规划部门发出告示，并在28天后正式采纳地方规划。加拿大90年代以来，对战后规划建设的成就及政府封闭式行政体系开始进行反思，城市规划更注重人文价值和多元化，有更多的公众参与。在加拿大，公众参与城市规划通过分散—集中—再分散—再集中的方式，使市民参与城市规划的全过程。即在编制规划开始时，通过与市民交流，倾听广大市民的意见，将这些意见进行分析、归纳、整理，形成比较集中的意见，编制成规划草案。然后将这些规划草案在报纸的增页或通过邮寄的方式送达到每个家庭，再通过收集的市民意见，进行认真修改，最后将修改后的规划草案报市议会审议。规划在批准前还必须经过公众听证程序。此部分内容参见：陈志诚、曹荣林、朱兴平：《国外城市规划公众参与及借鉴》，载《城市问题》2003年第5期；吴茜、韩忠勇：《国外城市规划管理中"公众参与"的经验与启示》，载《江西行政学院学报》2001年第1期；王华春、段艳红、赵春学：《国外公众参与城市规划的经验与启示》，载《北京邮电大学学报（社会科学版）》2008年第4期等文章。

国家	法律保障	参与方式	参与组织	规划师作用	决策主体
美国	《标准分区规划授权法案》、《标准城市规划授权法案》	问题研究会、邻里会议、听证会和比赛模拟等	特别小组、机动小组、企业团体和居民顾问委员会等	激发公众参与、选择合适的参与方式、公众教育和协调各方的利益等	城市规划委员会、市议会、公众会议和听证会等
英国	《城乡规划法》	公众审核、调查会、公众审查和现场接待等	社区组织、市民团体、各区规划局和委员会等	资料意见收集分析、规划编制、民主协商和意见处理汇总等	环境事务大臣、公众审查、地方规划局和相关人员等
德国	《建设法典》	公告、宣传册、市民会议等	相邻区政府代表、公共管理部门和公共利益团体等	规划决定、方案宣传、方案编制、组织座谈和意见处理反馈等	社区管理机构官员、上一级管理机构和市民参与意见书等
加拿大	《官方自治条例》	讨论会议、图形手册、设想展示会和热线等	讨论小组、专题研究小组等	鼓励公众全面参与、公众教育、组织意见设想可视化模拟和规划反馈等	市议会和反馈建议等

图 17：美国、英国、德国、加拿大公众参与城市规划差异性表现

　　下面仍然采用图表方式对美国、英国、德国的城市规划领域公众参与的程序细节做一比较（见图 18）：

国家	美国	英国	德国
规划议案提出阶段	对利益相关公众宣传、小区规划理事会、小区规划委员会发挥作用	结构规划：无 地方规划：对草案进行六天的公开质询，或者举行听证会	在报纸、电视等媒体上进行规划公布并提出草案，公民参与介入
规划议案审议、修改阶段	举行公众交流会交流意见、专家评估并提出修改意见	结构规划：听取公众评价，修改决议，提交议会 地方规划：若规划议案有修改，所有修改公布于众，并再次公示28天	根据反馈意见，规划部门修改草案，作出规划决议；公示一个月，再次修改表决，提交议会
规划实施监督阶段	社区组织参与监督和管理、建立小区探访中心	结构规划：无 地方规划：公民可以对认为规划不合理的地方进行诉讼，由规划督察员或法院裁决	如对规划有反对意见，可以提出议案，审议，成立之后对规划决议修改或撤销

图18：美国、英国、德国公众参与城市规划程序比较

三、可能的不足

上文已经详细探究了发达国家城市规划领域公众参与的程序性规则制度，基本上对于这些制度内容，笔者是持肯定态度的，事实上，这些制度也的确在世界范围内对其他国家产生了影响。我国2007年修订《城乡规划法》时就参考借鉴了美国和德国的制度规范。但是，应该承认，任何制度都不是尽善尽美的，这里面固然也有公众参与城市规划本身可能存在的缺陷，如行政效率降低、利益群体主张无法协调等；也有各国基于其国情状况、法制发展、社会价值观等个性原因而产生的不足。

以美国为例，公众参与中等待公众反馈需要花费更多的时间和金钱；由于政府在做出决策的过程中需咨询许多团体，并协调他们之间的矛盾，致使行政效率降低；加剧了对地方利益的过分关注，而忽视了整体和全局利益；地方政府财力有限，利益团体要求不尽相同，各利益团体之间竞争更激烈；参与使市民的期望值不断提升，市民对政府的不信任感有时会随着参与城市规划而不断加深。

此外，关于"公众利益"的界定，美国的规划界也颇多争议。如在中高收入者集聚的地区，社区组织往往会反对修建普通公寓，排斥低收入者的入住。大多数的高收入居住区都有强有力的社区组织，他们直接影响区划条例的修订。例如，芝加哥市湖滨区允许的建筑层数原为40层，但当地的社区组织鼓动高收入群体代表去游说市政委员会，最后使该区的建筑层数降低为15—25层。实际上造成了公共资源的浪费。再如，在全美国房价最高的旧金山和洛杉矶，通过公众参与确定的严格区划控制被认为是房价高涨的主要原因之一，许多市民不得不迁移至房价较低的凤凰城、拉斯维加斯和密苏里地区。因此，界定"公共利益"成为颇具争议性的话题。究竟谁代表了"公共利益"？中高收入者还是低收入者，或是某些特殊利益超越了"公共利益"？①

当然，瑕不掩瑜，任何制度规则都不可能十全十美，即使设置过程出于善意，也不能保证发展实施中不出问题，更不用说制度本身可能会有负面效应。但是，不能因为阴影而拒绝阳光，公众参与城市规划固然会影响行政效率的实现和提高，但是其民主性、公平性、倡导个体尊重的价值更是凸显；公众参与城市规划

---

① 田莉：《美国公众参与城市规划对我国的启示》，载《城市管理》2005年第2期。

固然可能会使利益集团的矛盾突出而无法调和，但是这总比不参与强行通过规划方案在执行过程中矛盾激化要强，从这个角度而言，矛盾存在和显现是好事；公众参与的确可能会使公民对于其期望值过高从而加剧对于政府的不信任感，但是这可能只是部分公民，不能代表公众全体，而且公众参与本来就是一个"平衡器"，只要能够满足一般公众的平均期望值就可以认为是良好的参与了。

最后，说到"公共利益"的确定，笔者在第一章其实已经分析了公益的模糊性标准，公益本身就具有多元化特点，公共利益更多地是在参与个体心中的衡量，可以说，每个主体对于公共利益都有其自身的理解，那么，在程序中设置公众参与规则让每个利益主体能够充分地表达利益诉求、主张，同时最大程度的听取别的利益主体的主张，将会促使各方对行政事项的整体性观点充分认知并适时地修正自身模式化的判断，使最终行政决定的公共利益概念判断更加符合绝大多数人的利益观点，这样已经可以认为，行政过程达到了公共利益所要求的行为方式。这样看来，加强公众参与的广度和深度虽然不能从概念层面清晰地厘清公共利益的内涵和外延，但毫无疑问会使行政过程体现公共利益的可信度大大加强，使社会公众对公共利益的感知更加清晰明确，从而使行政决定的实质执行力得以提高。

附一：我国台湾地区市地重划制度——以台中市"台湾塔为例"[①]

台湾塔是台中市（2010 年原台中市与原台中县合并，形成

---

① 此部分内容来自对我国台湾地区台中市政府都市发展局局长、台中市云林科技大学何肇喜教授的访谈。何教授于 2011 年 12 月 10 日至 12 日对北京建筑工程学院进行了交流访问，期间笔者就关心的台湾地区城乡规划公众参与问题与何教授进行了讨论，何教授以刚刚立项的"台湾塔"项目为例进行了介绍。在此对何肇喜教授表示衷心感谢。

"大台中"的概念，目前"大台中"2200平方公里土地，人口260万）在2011年力争打造的台中市地标性建筑，在全球公开招标建筑师事务所进行项目设计，希望在中部台湾打造与台北市101大楼相媲美的标志性建筑，以外部的榕树状钢管与顶部俯瞰的台湾岛状为设计理念，地面面积达到1公顷，外部装饰大型LED显示屏，高层顶部装有减震装置，塔身可以在7厘米的范围内轻微震动，全塔镂空设计，外部的大型竖置钢管具有热传导作用，可以局部调节地区气流。

台湾塔的用地规划是通过台中市市地重划制度实现的，原址是一个废弃多年不用的旧机场，通过由政府主导的市地重划重新获得了建设权。市地重划制度是我国台湾地区进行城市规划的一项基础性制度，由于台湾地区存在大量的私有土地（与我国土地所有权完全国有存在本质区别），因此在城市建设、城市规划及都市更新等政府行政行为中，政府多半退居幕后角色，通过私主体与私主体进行交易的方式对现有城市土地进行重新规划与使用，这是台湾地区市地重划制度的主要原理。在实践操作程序中，政府的行政权之强制性体现的并不明显，政府起主导、调和、斡旋的中间人角色，土地的转让、置换、协议等具体细节均由当事人自愿协商合意。当然，政府进行市地重划的动力和价值在于，通过市地重划，可以使土地的使用、规划、价值的提升基本按照政府的倾向性意见进行运作，从而达到进行土地用途重整、都市土地更新和促进城市发展的作用。这样，政府并没有使用强制性的行政手段和方式进行城市规划与建设，而是运用一种柔性的行政手段完成了城市规划和发展对于土地的需求。

台湾地区的市地重划制度从行为规划性质上看，类似于我国《城乡规划法》中规定的控制性详细规划，基本作用也是力争通过一系列的政府行为使得都市更新和城市建设快速、高效、便捷地发展。市地重划制度的效益主要体现在以下几个方面：（1）使土地的价值增加。一般而言，经过市地重划之后，由于有政府配套设施的跟进，相应交通网络的完善，原有地价都会大幅上涨，这无疑是促使行政相对人积极参与进行市地重划的有利因素。（2）市地重划享受税捐减免的优惠措施。其中包括土地增值税从所有权人第一次移转时起减征40%，地价税从市地重划完成之日起减半征收2年。（3）促进都市发展和进步。市地重划后，政府会按照事先公布的方案进行配套设施的建设和完善，例如这次台湾塔的建设，将使区域内部的交通、市政建设、文化发展得到大幅更新，原本是荒草丛生的废旧机场，经过市地重划化后摇身一变为台湾中部的标志性建筑。（4）健全了地籍管理。经过市地重划，原本的无主土地或争议性土地会进一步明晰产权，因为市地重划后地价的上升因素，所以会间接地促进争议各方当事人积极解决土地争议的信心。

另外，市地重划后，土地的性质并没有转为国有，仍然保持土地私有的模式，但是制度的另一价值在于当事人在享受了市地重划后地价上涨、税捐减免等优惠后，必须按照与政府商定的方案进行都市更新计划。也就是说，该政府进行配套完善的规划建设政府要保时保量地完成，该私主体当事人完成的土地建设也必须在规定时间内完成，否则可能会承担缴纳代金等处罚。这样看来，通过市地重划，私主体在获得收益的同时，也必须履行相应的义务，个人也成为城市规划和建设中的一方主体，也间接地加强了城市规划的公众参与性。

台湾地区的市地重划建设可以追寻到日据时代，当时的《建筑技术令》的颁布，已类似于今天的都市计划。目前台中市土地面积22148428公顷，市地重划的土地大约占22.62%。尽管还存在行政强制性规划的土地利用（目前比例还比较高），但不可否认的是，市地重划是更符合城市发展和行政理念的土地规划模式。市地重划其实兼具行政指导与行政合同的双重性质，优惠措施、行政建议等方面体现了行政指导的模式；私主体义务的履行、参与城市规划和都市更新的建设又体现出一定意义上行政合同的特点。这样，运用两种柔性的行政方式去实现行政目标的快速推进，其效果和价值都得到凸显。

当然，我们也应看到，由于台湾地区的地域面积有限，目前还没有实现跨区性市地重划制度，置换土地也没有完全实现，这不能不说是一点遗憾。但是，应该承认，市地重划制度在台湾地区打造"立体城市"、"绿色城市"的进程中起到了重要作用。同时，尽管我国大陆囿于土地国有的性质无法完全实现类似市地重划的模式，但是在城市规划和城市建设、土地功能再划分的过程中，可以积极借鉴台湾地区市地重划的行政理念，力争使用非强制的行政方式，达到公、私主体的双赢局面，这对于解决我国大陆地区目前以市场导向的区域功能性空间发展和行政既有辖区之间的矛盾也将起到促进作用。

附二：各国及地区城乡规划立法概况

1. 中国《城乡规划法》（2008）

2. 美国（纽约州）《区划条例》（1961）

3. 德国《建设法典》（1986）

4. 英国《城乡规划法》（1990）

5. 中国台湾地区"都市计划法"（2011）、"都市更新条例"（2006）、"市地重划实施办法"（2003）

6. 中国香港特区《城市规划条例》（2005）

7. 中国澳门特区《城乡规划法》（2012）

8. 日本《都市计画法》（2006）

9. 韩国《国土建设综合规划法》（1963）

10. 马来西亚《城乡规划法》（1976）

11. 加拿大《城乡规划法》（1988）

12. 法国《城市规划法典》（2003）、《社会团结与城市更新法》（2000）

13. 新加坡《规划法令》（1959）

14. 丹麦《规划法》（1992）

15. 巴西《城市法》（2001）

16. 西班牙《规划法》（1992）

17. 瑞士《联邦空间规划法》（1979）

18. 新西兰《城市和乡村规划法》（1988）

19. 牙买加《城乡规划法》（1985）

20. 威尔士《城市和乡村规划法令》（2002）

本章小结

研究城乡规划领域的公众参与制度，进行域外考察是不可缺少的。这一方面是由于我国的制度创设刚处于起步阶段，相对还很不成熟；更重要的是，即使纯粹从比较研究的角度进行考察也同样颇具现实意义。实际上，除了分析公众参与城乡规划的共性规则之外，具体探究基于各国特色而创设实施的个性规则也具有实际价值，如美国更重视理论和原则性的规定，而德国则表现为一种严格的、细致的、羁束的程序规范。在公众参与城乡规划的制度考察中，美国、德国、英国、加拿大等国尽管存在制度上的细微差别，但是基本的原则和原理是一致的。如公众参与的方式多元化、公众参与法律保障完善、配套规范的创设和运行制度化等。这些，都将为本文接下来探析中国城乡规划领域公众参与制度提供借鉴范本。

第四章 城乡规划领域公众参与的运行状态

上文分析了城乡规划领域公众参与的价值即必要性、我国《城乡规划法》出台后形成的城乡规划领域公众参与的法律体系内容，以及从域外借鉴角度对公众参与城乡规划的考察。所有这些分析其实都是为了接下来对我国城乡规划领域公众参与的运行模式做一探究，在明确为什么在城乡规划领域进行公众参与、目前我国的相关法律规定如何、域外发达国家的实际状况后，以下将循着这样的思路进行分析：首先，重点探究我国公众参与城乡规划的实际状况，其运行模式和基本状态，参与主体、参与内容、参与方式方法、参与效力等；其次，分析实然状态中呈现的不足和需改进之处，从而衍生出对城乡规划领域公众参与的应然性探讨，或者说是对公众参与城乡规划理想模式的一种描述和向往。而下一章，本书将重点分析从实然模式到应然模式的桥梁，即公众参与城乡规划有效性的探究和说明。

第一节 城乡规划领域公众参与的基本运行状态

第三章已经从法律规范角度对公众参与城乡规划的条文逐一进行了分析，对我国的基本模式做了框架式评析，为了理解方便，再次以图表的形式进行总结（见图19）。

规划阶段	参与事项		参与主体	参与方式	参与效力
启动阶段	非重要地块的修建性详细规划		取得该地块使用权开发单位	编制规划草案	正式启动规划编制
编制阶段	各种类规划草案的意见征询		公众、专家	公告；论证会、听证会或其他方式	报送审批的材料中附具意见采纳情况及理由
	可能造成不良环境影响、直接涉及公众环境权益				
确定阶段	总体规划草案的审批		专家	审查	未明确
实施阶段	规划公布		公众	公布、公众有权查询	未明确
	总体规划的定期评估		公众、专家	论证会、听证会或其他方式	未明确
	规划许可	法律规范明确规定、其他涉及公益的重大许可事项	公众	听证	依据听证笔录许可
		直接关系他人重大利益的许可事项	利害关系人	听证、陈述、申辩	
	环境影响报告书	可能造成不良环境影响并直接涉及公众环境权益的专项规划之环境影响报告书草案	公众、专家、有关单位	论证会、听证会或其他方式	未明确
		对环境可能造成重大影响、应当编制环境影响报告书的建设项目环评报告草案意见征询			

规划阶段	参与事项	参与主体	参与方式	参与效力
修改阶段	控制性详细规划修改意见征询	利害关系人	征求意见	专题报告
	修建性详细规划修改意见征询	利害关系人	听证会等形式	未明确

图19：我国法律规定公众参与城乡规划具体内容

以下分别针对我国公众参与城乡规划运行模式的构成作一分析，以期能够对基本运行模式的状态做深入了解，从而对接下来应然模式的探讨有所铺垫。

一、参与时序

公众参与城乡规划已经是一个不言自明的真理，但是何时可以介入、参与是否有时序要求等问题，一定意义上影响着公众参与的效果和参与者的参与热情。《城乡规划法》和其他相关法律规定普遍意义上我国公众参与介入城乡规划的时间是从规划编制阶段开始，在规划启动阶段是没有设置普遍意义的公众参与的，只是因为《城乡规划法》第14条、第19条、第21条的规定变相地使非重要地块的开发主体获得了修建性详细规划的编制启动权，从而实现了部分意义上的公众参与。① 而在规划确定阶段的公众参与仅仅限于专家的参与；从参与的结束点来看，在规划修改阶段的参与仅限于与规划有利害关系的主体，普遍意义上的公众参与也没有完全实现。因此，如果仅仅从普遍意义针对社会大众的公众参与来看，只存在于规划编制阶段和实施阶段。当然不可否认，这两个阶段是城乡规划最为重要的关键性阶段，但是这并不能弥

---

① 此部分详见本书第三章第三节。

补其他阶段普遍意义公众参与缺失的遗憾。

这里需要注意的是，公众参与的时间节点当然不能过晚，如果城乡规划已经审批公布，那么公众参与毫无意义；但是，是否公众参与愈早愈好？公众参与能否实现"全方位、无缝隙"的参与形式？笔者认为，公众参与固然是城乡规划领域实施的一项基本原则，但是公众参与同样也不能过早，所谓"全方位、无缝隙"的公众参与事实上是不存在的。这是因为：

1. 城乡规划公众参与本质上仍然是公共利益和私主体利益的协调与统一，公益标准的维护是首要目标，公众提早参与或者事无巨细地进行规划审查，可能会因为过分强调组织利益、群体利益的维护而使公益受损，例如，城市建设中垃圾焚烧厂、发电厂，甚至是具有服务性质的大型商场都可能遭到周边公众群体的反对，垃圾焚烧厂等会带来环境破坏与污染，商场可能带来车辆停放、噪声扰民等问题。但是这些市政服务设施又是城市生活必不可少的，那么这里解决的方式只有一种，尽量不规划在大型社区、居住区附近，实在不可避免只能努力完善事后的补偿规则，力争使利害关系公众满意。

2. 上文已经分析过，城乡规划的公众参与是以民主价值为第一追求目标，兼顾效率价值。公众参与本身就是在民主化趋势成为世界潮流之后才出现并发展的，吸收民意进入行政过程，使普通公民不但享有话语权，而且一定意义上分配了部分行政决策权，这当然是民主价值的体现。但是，"兼顾效率价值"并不代表"不顾效率价值"，在保障民主性的前提下，行政行为效率的维护同样重要，这也符合行政权追求快速、高效的根本属性。因此，一味地将公众参与过程全方位化，是否能够全面实现民主价值尚存疑，但是毫无疑问将使行政效率受损，而行政效率的降低实际上也会影响更高层次民主价值的实现。

3. 某些城乡规划可能涉及保密性事项，不太适宜于进行公众参与。依照保密程度的不同，有的规划参与限于利害关系人，有的规划参与甚至连利害关系人都无法实现，如规划中涉及军事设施、大型地下人防设施等。这些规划的内容因为属于国家秘密而排除了公众的介入和参与。

4. 从现实情况看，我国目前城乡规划领域公众参与尚未实现利益的组织化和参与的专业化。首先，大众的参与微乎其微，现实案例中的公众参与大多是利害关系人之公众参与，与己无关的规划参与极少；其次，参与基本是以个体或临时性的组织（为参与而临时成立）为主，以组织化的社会团体（如律师协会）参与的极少；最后，由于规划的专业性特点，专家的参与必不可少，这实际上也取代了一定阶段普通公众的参与。

因此，"无缝隙、全方位"的公众参与固然是一种非常美妙的设想，但是基于主观、客观等诸多原因无法真正实现。但是以上的分析仅仅是证明公众参与城乡规划不能全面覆盖规划的全过程，并不表示我国城乡规划领域之公众参与在时间节点上没有瑕疵。笔者认为，我国《城乡规划法》规定在规划启动阶段基本排除公众参与没有问题，理由上面已作分析。但是在规划确定阶段的公众参与缺失是应当注意的，规划确定阶段是赋予城乡规划效力的关键阶段，经过规划确定，有权机关的公布，该城乡规划就成为具有普适效力的方案，非经严格的法定程序不得再行修改。而在这一阶段，仅仅对城市总体规划设置了专家审查的参与环节，似乎是远远不够的：其一，与社会大众联系更为紧密的详细性规划没有公众参与，甚至连专家参与都未规定；其二，仅仅是专家参与，普通公众参与被排除，这似乎不是简单地可以用"专业性、技术性"理由去解释的。

二、参与内容

从目前城乡规划领域公众参与的内容来看，如果从全面考察的角度，公众参与的范围已经及于所有城乡规划类型，既包括总体规划（表现为城市总体规划、省域城镇体系规划、镇总体规划），也包括详细规划，详细规划中控制性和修建性详细规划也都设置了公众参与的内容，但是如果从微观层面考察，即从一个特定规划实现过程考量，则尚未实现所有规划的全面囊括。例如，在规划启动阶段，只有修建性详细规划存在特定利害关系人的参与；在规划确定阶段，只有总体规划存在专家群体的参与；在规划修改阶段，只有详细性规划存在利害关系人的参与。唯一一个实现了所有规划种类普遍意义上的公众参与的是在规划编制阶段，《城乡规划法》第 26 条明确规定了规划编制草案的公众意见征询机制，第 26 条因此也被认为是《城乡规划法》公众参与的精髓。

这里需要特别指出的是，除了规划启动阶段不适宜公众参与早期介入（原因上文已经分析），其他的规划阶段，包括规划编制、规划确定、规划实施阶段，都应该更多地设置公众尤其是普通公众的参与，表现在以下几个方面：

第一，在规划确定阶段，增加对于详细性规划的公众参与内容。

第二，在规划实施阶段，增加对于详细性规划的公众参与内容。

而对于规划修改阶段，笔者认为仍然保留现有模式，不再增加对于城市总体规划、省域体系规划、镇总体规划等总体性规划公众参与的内容。

下面分别予以解释：

（一）规划确定阶段

在城乡规划的确定阶段，现有法律规范只规定对于总体规划可以进行有限度的公众参与，而对于详细性规划的公众参与方式未予提及。但相对于总体规划，详细性规划是更贴近社会大众日常生活的，与之关系也更为密切，公众关心的也都是身边的详细性规划，尤其是修建性详细规划。立法机关之所以将之排除在公众参与之外，理由似乎是总体规划更为全面地反映了城市的发展模式和进展状况，因此审查把关更为严格，所以将专家和有关部门的参与吸纳进来。

但是这样的理由稍显牵强：

第一，总体规划固然重要，它的地位不可否定，但是并不能因此排除详细性规划的公众参与。

第二，详细性规划，尤其是修建性详细规划，对公众的影响巨大，公众的参与热情也最高，不给予公众参与的机会可能会造成规划实施的困难。

第三，修建性详细规划的启动主体是地块的开发者，是一个民事法律主体，以追求私利益的最大化为根本目标，如果不在启动阶段之后的规划确定阶段加以制衡，很有可能造成公益的损害，规划方案沦为了个体谋利的工具。

第四，从操作性的角度而言，详细性规划的公众参与成本较低，涉及人群范围较小，利益可协调的可能性较大，而总体规划则不然。

第五，尽管总体规划是详细性规划制定的依据，从这个角度看总体规划实施了公众参与间接地也给详细性规划增添了公众参与的色彩，但是这样的一种间接性作用何在，似乎只是为了增添公众参与的标签而没有任何实际意义。因为总体规划是一种框架式、原则式规定，其公众参与的影响力一定能够及于具体的详细性规划。

（二）规划实施阶段

1. 具体规则

在城乡规划的实施阶段，规定了总体规划层次的定期评估制度，即总体规划公布实施后，定期对其实施情况进行评估，这一过程中存在专家层面的公众参与。

在规划实施阶段，同样未对详细性规划规定公众参与的规则，只是有两种例外情况：

其一，基于《行政许可法》（第 36 条、第 46 条、第 47 条）的要求，对于"涉及公共利益的重大行政许可事项"规定了普遍范围的公众参与，对于"直接关系他人重大利益的行政许可事项"规定了利害关系人范围内的公众参与，这两部分可能涉及详细性规划的公众参与。

其二，基于《环境影响评价法》（第 21 条）的要求，对于"对环境可能造成重大影响、应当编制环境影响报告书的建设项目环评报告草案意见征询"的情况，规定了普遍范围的公众参与。

2. 总体评价

应该明确，规划的实施阶段是比较重要的规划阶段，其地位并不逊色于规划编制阶段。这是因为：尽管规划编制是将规划方案成形、相关主体权利义务固定的过程，但是如同法律规则创设一样，立法行为固然很重要，但关键还在于执行。城乡规划制定是前提性、基础性活动，但缺乏执行力的规划内容将是一纸空文，因此规划实施阶段尤为重要，实施阶段也是评价和判断公众参与效果的最重要阶段。

那么在规划实施阶段仅仅针对总体规划设置定期评估制度有

待完善，除了上文已经论证的详细性规划与社会公众的联系更为紧密等一般性原因外，还基于以下两点：其一，定期评估制度是为了规划的实施效果考察而设置的，从难易程度而言，总体规划的实施效果评价不太好把握，没有量化标准进行衡量，而详细性规划相对而言更容易评价，是否令公众满意，是否符合公众预期等；其二，上一点是从操作性角度来讲，即使从实质意义的必要性来讲，详细性规划也相比总体规划更需要进行定期评估，因为详细性规划无论是控制性详细规划抑或是修建性详细规划，都是针对具体地块而言的。随着城市建设的蓬勃发展，地块的使用用途经常会发生必要的改变，尤其是针对修建性详细规划而言，这也是实践中为什么修建性详细规划变动更为频繁的原因。那么，对于一个变动频繁的城乡规划不设置定期评估制度，而对于期限长达20年，很难修改的总体规划反而设置了所谓定期评估制度，从原理上讲是说不通的。

3. 其他两个方面

（1）针对规划许可的公众参与

《行政许可法》规定的需要听证的许可事项包括两类：

第一类是与公共利益有关的需要举行公共听证的情形（第46条），包括两种情况：第一种是法律、法规、规章规定实施行政许可应当听证的事项；第二种是行政机关认为需要听证的其他涉及公共利益的重大行政许可事项。对于第一种事项，行政机关没有判断的余地，是法律规范的羁束性要求。但第二种涉及公共利益的重大行政许可事项，行政机关则具备裁量的余地，可以自由判断许可事项是否属于涉及公共利益的重大许可事项以及决定是否需要召开听证会。

第二类情形是涉及特定人之间重大利益关系许可事项（第36条、第47条），按照该规定，若许可事项涉及申请人与特定主体之间重大关系的，行政机关必须告知利害关系人享有要求听证的权利。

这里需要注意的一个问题是，在规划实施阶段涉及部分规划许可时，完全可能会出现对于详细性规划的公众参与。也就是说，规划定期评估制度中不存在对详细性规划的公众参与，但是在规划许可中，由于行政许可法的特别规定，详细性规划也具备了公众参与的可能性。但是，需要强调的是，作为城乡规划主体法的《城乡规划法》不承认详细性规划实施过程中的公众参与，而仅仅是在相关法中无奈地间接予以肯定，会造成两个不良后果：一是易被规划实施主体所忽略；二是对规划实施阶段详细性规划公众参与的必要性认识不足。

更为重要的是，仔细分析《行政许可法》（第36条、第46条、第47条）的相关规则，其所采用的标准也是"模糊化"标准，何谓"涉及公共利益的"、何谓"重大"、何谓"直接"、何谓"他人利益"，除了第46条前半句存在法律规范的列举式规定外，① 这些都没有做进一步解释和说明，而且模糊化标准的判断主体是行政许可机关。这同样带来两个问题：首先，行政许可机关是否对于城乡规划的内容有所了解是存疑的，从行政专业性角度来看，要求行政许可机关去判断规划的重要程度似乎并不实际，这涉及行政能力的方面，有时是判断不明而变相地使公众参与权丧失；其次，抛开行政能力的考虑，即使行政许可机关意识到相

---

① 《行政许可法》第46条是这样表述的："法律、法规、规章规定实施行政许可应当听证的事项，或者行政机关认为需要听证的其他涉及公共利益的重大行政许可事项，行政机关应当向社会公告，并举行听证。"前半句实际通过具体法律、法规、规章的列举式规定解释了"公共利益"标准，即这些涉及公共利益的行政许可已经通过立法严格规定必须听证，而后半句则由行政机关进行判断。

关规划许可的重要性，也完全可能出于规避听证等程序规制原因而故意不做重大解释。对于这种情况，利害关系人也很难进行救济，因为对于行政许可等积极行政行为进行诉讼或复议的空间较小，即使进入救济程序，法院审查也会因行政自由裁量权而存在困难。这样看来，行政许可机关可能会通过"善意不能"和"恶意行为"两种方式规避规划许可的公众参与。

再进一步讲，即使行政许可机关实施了规划许可的听证等法定程序，这种活动是否是公众参与也是有待进一步探讨的。对于涉及公共利益的事项进行规划许可公告和听证属于公众参与范畴还勉强可以承认；但是针对特定申请人与利害关系人重大利益关系的听证实施，应该是一种行政行为个体的活动，与广泛意义上的普通公众参与尚有区别。

（2）针对环境影响报告书的公众参与

与《行政许可法》类似，《环境影响评价法》也同样规定了两种与环境密切相关的规划之公众参与方式：一种是针对交通、工业等城市总体规划组成部分的专项城市规划（第11条）；另一种是对环境可能造成重大影响的建设项目（第21条）。

首先需要指出的是，第一种方式尽管说明是专项规划，但是由于仍然是城市总体规划的组成部分，所以并不是涉及详细性规划的公众参与方式，因此不属于规划实施阶段除了对城市总体规划进行有限度公众参与的例外形式。事实上，可以认为该条（《环境影响评价法》第11条）已经被《城乡规划法》第26条覆盖。

但是第二种情况属于《城乡规划法》之外，其他相关法律对自身领域内的规划所做的公众参与规定，除了上述与《行政许可法》相同的状况外（如间接肯定详细性规划的公众参与、认定标准模糊等），还需要关注一个问题：建设项目的环境影响报告书是在规划已经获得通过，依据规划要求进行建设项目建设过程中产生的。因此相对于规划草案的公众参与程序，实际上是第二次的公众参与程序，这也表明对于对环境可能造成重大影响的项目，立法持特别严格的态度。在涉及的规划报批前，先经过一次公众参与程序，这是针对整体规划的影响而言；在规划范围内的建设项目可能影响环境的，还要经过一次公众参与程序。一个是全局监督，一个是微观监督。

（三）规划修改阶段

1. 具体规则

在规划修改阶段，只规定了对于详细性规划的公众参与方式：针对控制性详细规划，利害关系人可以对规划修改的必要性提出意见（《城乡规划法》第48条）；针对修建性详细规划，利害关系人可以对建设工程设计方案的总平面图修改内容提出意见（《城乡规划法》第50条）。

2. 两种情况之区别

我们先来分析这两种情况的区别，然后再分析增加规划修改阶段总体规划公众参与的必要性。因为只有明了现行情况的立法原意，才能对建议增加的内容进行衡量和取舍。

首先，从主体来看，尽管都是利害关系人，但是对于控制详细规划的公众参与要求是规划地段内的利害关系人，而对于修建性详细规划要求是建设工程设计方案的总平面图相关的利害关系人，非常明显前者和后者是包含或种属关系，即后者是前者的一分子。因此完全可能出现的情况是：某个利害关系人既是规划地段内与规划有关的利害关系人，已经就规划是否修改发表过意见，又在涉及具体建设工程设计方案的总平面图修改时，再次参加听证会等进行公众参与。这两种情况并不矛盾，前者是一种总体评价，后者是一种特定评价。

其次，从内容来看，控制性详细规划的公众参与是对于规划修改的必要性进行的，即利害关系人是针对是否修改该规划发表意见，至于决定修改后如何修改，即具体的修改内容，利害关系人没有公众参与的机会；而对于修建性详细规划新的公众参与是对于建设工程设计方案的总平面图修改的具体内容而言的，即听证会等公众参与形式的对象是如何修改，而非是否修改。从立法者的立法原意来看，之所以存在这样的区别，是因为控制性详细规划是修建性详细规划的依据，控制性详细规划适用范围大，修建性详细规划是在其范围内针对具体建设项目而进行的规划。对于"依据"地位的控制性详细规划只是给予修改与否、而没有如何修改的公众参与权似乎有失公允，但其实公众完全可以通过与己有关的修建性详细规划的参与去实现修改控制性规划的愿望。而且相比控制性详细规划，公众也更关心自身利益相关度更高的修建性详细规划。

最后，从参与方式来看，对于控制性详细规划是"听取意见，之后原规划编制机关就是否修改提出专题报告"，而并未规定听证会等法定形式；但是对于修建性详细规划，明确规定"应当采取听证会等形式听取意见"。这里需注意两个问题：其一，控制性详细规划尽管没有规定听证会形式，但并不能就此认为排斥听证会形式，"听取意见"是一种宽泛的方式，当然包括听证会以及其他形式。之所以没有明确写出来主要是给规划机关"自由裁量"留有余地。其二，相比较控制性详细规划，修建性详细规划与利害关系人的利害关系程度更高，稍有不慎可能对利害关系人造成直接、重大的损害，因此严格的羁束性规定听证会形式。

3. 对总体规划的取舍

这样看来，从现实规则看只是在详细性规划内部做文章，并未提及总体规划。在规划修改阶段没有规定对于城市总体规划等总体性规划修改之公众参与似乎是没有合理解释的。总体规划的公众参与在规划编制阶段、确定阶段、实施阶段都是存在的，唯独在规划修改阶段的缺失似乎是一大遗憾。

应该注意的是，总体规划、控制性详细规划、修建性详细规划之间是存在包容关系的，控制性详细规划是根据总体规划的要求制定的，修建性详细规划是依据控制性详细规划而设计的。利害关系人完全可以通过对两种详细规划的公众参与来实现对于总体规划的参与，并且这种参与绝不是间接性的，而是直接的。也就是说，利害关系人可以"逆向参与"，通过对修建性详细规划的修改提出意见从而实现公众参与权，修建性详细规划的修改可能使控制性详细规划修改成为必须，则利害关系人再参与控制性详细规划的修改，而对控制性详细规划修改涉及总体规划的，总体规划也必须修改。

但是，这种"逆向参与"也是有细微瑕疵的，表现在最后一个阶段，即利害关系人参与对控制性详细规划的修改只是修改必要性的参与，至于决定修改后具体的修改内容是没有参与规则的，那么当控制性详细规划修改的内容涉及总体规划时，利害关系人是没有实体上的参与权的，实际上"是否涉及"、"哪些内容涉及"、"如何修改"等都是规划机关衡量、判断的内容，利害关系人不能介入。

尽管如此，我们还是认为这种"逆向参与"是存在的，因为：第一，至少利害关系人通过控制性详细规划修改与否的参与获得了总体规划修改的启动权。也就是说，只要控制性详细规划决定修改，而修改的内容涉及总体规划的都必须进行总体规划的修改工作。第二，从实践情况看，一般而言控制性详细规划因为是依据总体规划制定的，所以其内容的调整很有可能与现有总体规划不符，从而必须启动总体规划的修改，这也使得这种"逆向参与"

在大多数情况下具备可操作性。第三，相比较总体规划而言，利害关系人一定是对详细规划，尤其是修建性详细规划更具备参与积极性的。也就是说，即使法律规范直接规定了总体规划的公众参与权，从实际意义上讲参与的密度可能会比较低。第四，从中国当下的实际情况来看，这种修建性详细规划—控制性详细规划—总体规划的模式更符合社会心理，一般而言，公众不会对20年长期有效的总体规划先说"不"，尤其是这样的总体规划当初在编制时是经过充分的公众参与的，通常都是从最近的规划做起，逐渐涉及较远层次和最远端层次的规划。

当然，最后仍然要强调的是，在规划修改阶段的公众参与是否是普遍意义的公众参与仍然值得再思考，或者说只能归类于广泛意义层面的公众参与。因为针对详细性规划的利害关系人之参与，更大程度上似乎更贴近于行政相对人对于具体行政行为的动态介入，尤其是对于修建性详细规划而言。

三、参与主体

（一）两种层面参与主体

公众参与的主体是城乡规划领域公众参与的重要方面，按照通常理解，所有社会公众都应当具备公众参与权，只是基于个人意愿是否行使罢了。而根据《城乡规划法》之规定，除了标准意义上的普遍社会公众的参与外，还存在与规划有关联之利害关系人的参与行为。

普遍意义上的社会公众之参与和《城乡规划法》规定的存在利害关系的主体之参与还是有所不同的：前者是一般情形，后者是特别情形；前者更多地表现为一种权利，后者则更好地诠释了权利义务之重合性与合一性；前者是一种或然性行为，后者则考虑到不参与则自身权利必然受损，利害关系方会产生更为强烈的参与愿望。因此，更多地是一种积极主动性行为；前者在公众参与时存在框架式、原则式参与，而后者则大多参与要求更为具体实际。

在城乡规划领域之所以设置两种层面的参与主体，是基于两点原因：其一，是为了城乡规划的专业性、复杂性而考虑的。普通公众、专家、利害关系人，在规划专业性认知和水平上存在客观区别，相比较而言，专家毫无疑问专业性能力最强，利害关系人因为与规划行为的关联性也会努力提高专业性参与能力，而普通社会大众的参与专业性水平是比较低的，这一方面是由于规划本身的的高度专业性，使公众望尘莫及；另一方面也是因为普通社会公众参与的积极性并不高，不想参与也就不会对规划专业问题进行探究。其二，是基于城乡规划体系化实际状况考虑的。我国城乡规划分为总体规划和详细性规划，里面又有更细的层次划分。不同的规划种类适应的参与主体和参与方式是有区别的，不能简单化地一概进行规定。如修建性详细规划其实类似于一个具体行政行为，它的参与方式应当直接、具体、完备，参与主体也至少应当包括利害关系人。而城市总体规划是对城市建设发展的蓝图式规划，并且是其他规划的制定依据，因此其参与方式应当多样化，既可以是程序式的听证、论证，也可以是其他方式，只要实现最大程度的民意表达即可，因此参与主体应当广泛、全面，尽量吸收民意。

（二）普遍意义下公众参与的两种主体

抛开利害关系人这种特定意义上的参与主体，针对一般大众而言的公众参与又分为两个部分：社会公众之参与和专家之参与。严格意义上说，专家也属于社会公众的一分子，但是因为其专业性技能和认知使其参与城乡规划的方式、作用等都与普通公众参与不同。专家参与有了自身特别的内容。因此，在城乡规划领域内，这里需要明确以下几个问题：（1）专家参与出现的原因何在；（2）专家的范围和界定；（3）专家参与的利与弊何在。

以下分别予以分析和解释：

1. 专家参与的产生原因

首先，专家是指"对某一学问有专门研究的人"或者"擅长某项技术的人"。① 城乡规划领域专家的公众参与首要原因当然是城乡规划的高度技术性、专业性，普通公众由于缺乏这种技能，很大程度上会使参与的效果打折扣，可以想象，对于规划图纸如同天书的参与者如何单独发表意见对规划草案施加影响力。

其次，专家参与会增加规划的理性考量，使规划更加趋于合理化。这是因为：其一，专家的专业背景可以在技术环节进行指导干预；其二，更为重要的是，相比普通公众，专家对规划的审视眼光更多地是从客观层面的技术性来考虑，而不是以对自身的利益需求进行判断。也就是说，一般社会公众之参与或多或少都会受自己利益判断的影响，如总体规划中高教园区的位置与自己住所的远近、修建性规划中超市的规模大小等。而专家基本上能够摆脱这些细微的规划要求，从整体性、全局性的眼光去分析规划的内容。当然，不可否认的是，专家的双重身份可能会使其丧失专业理性，专家也会被自身利益需求所蒙蔽。但这是改进、完善、监督专家参与的问题，是实施中的问题（在接下来的第 3 点将会进行分析），并不能因此而否认专家公众参与的必要性。我们现在所探讨的专家公众参与是在理想状态下的分析。

---

① 中国社会科学院语言研究所词典编辑室编：《现代汉语词典》（第 5 版），商务印书馆 2005 年版，第 1787 页。

再次，城乡规划的未来导向性也成为专家参与的一个原因。城乡规划一经颁布实施是具有效力的，而且期限很长，如城市总体规划可以达到 20 年。但是这种持续的效力在编制过程中是尚不存在的，那么出于避免规划错误的考量，在社会公众之外增加专家参与是必不可少的。因为城乡规划没有"试错"的空间。专家可以凭借技能预测城市功能的发展，从而能符合规划方案的未来导向性。其实这一点仍然是专家专业性、技术性特点能够涵盖的。

最后，专家的城乡规划公众参与具有"双赢"的功能和作用。一方面，由于专家的专业性能力使得规划编制主体对专家的参与持接纳和肯定的态度。政府设置城市规划专家库就充分反映了这一点。另一方面，专家因为其专业技能和职业操守也会积极主动地参与城乡规划。专家往往对规划的利弊天生具备高度的敏感性，很多情况下能比普通公众更早地发现规划的瑕疵。如 2006 年厦门 PX 重化工项目经公众参与最终实现迁址，率先提出异议的正是专家群体。"在规划项目涉及公共利益的时候，往往发现那些对决策敏感性高的公众个体，如知识精英、专家等往往能最先感受到规划中存在的相关问题，从而实现参与。这是由于公众个体对于城市规划决策的感知能力与识别能力存在巨大差异所造成的。"[1]

2. 专家的范围和界定

这里面存在一个实际问题：规划师的作用以及双重身份冲突。在城乡规划领域的规划编制中，总体规划的编制主体是人民政府，详细规划的编制主体是政府的规划主管部门（如规划委员会、规划局等），其实不论规划对外的法定制定主体是谁，实际的起草者都是规划的主管部门。详细性规划的制定主体就是规划主管部门，

---

[1] 吴人韦、杨继梅：《公众参与规划的行为选择及其影响因素——对圆明园湖底铺膜事件的反思》，载《规划师》2005 年第 11 期。

起草者当然亦是它；总体规划尽管对外的制定主体是人民政府，但实际上也是由规划职能机关率先起草并编制，然后再报人民政府。

而在实践中，规划职能部门的公务员很多都具有注册城市规划师的身份。那么，其本身是制定主体，亦是规划专家，这是否属于专家参与城乡规划？

另外，城乡规划在草案制定过程中往往就已经由规划设计研究院等专业部门的规划师进行了专业评估和评价，这是否属于专家公众参与？专家的公众参与是不是只存在于规划草案成形后的社会普遍参与过程之中。

对上述问题的回答颇显踌躇，如果做肯定回答，这些也属于城乡规划领域的专家公众参与，将使专家参与的必要性存疑，因为"既是裁判员，又是运动员"，既是制定主体，又是制衡主体的模式显然不可取。吸收专家意见，将专家之公众参与独立出来，就是为了增加规划的理性，弥补规划制定机关的片面性考虑和不足。如果二者合一，在编制过程中就提前参与，那么其公正性、有效性都是值得怀疑的。如果做否定回答，这些都不属于城乡规划领域的专家参与，专家之公众参与只存在于规划草案成形后的社会普遍参与过程之中。那么也会出现这样的情况，规划编制后按照《城乡规划法》的要求进行公众参与，当初参与制定该规划的规划设计院专家因为列于专家库中再一次被选中，同样他对自己制定的规划再次进行参与。规划制定主体与参与主体再次合一。

笔者认为，严格意义上的公众参与是在规划草案完成之后出现的，社会公众参与包括专家之参与至少应当有一个"靶子"或评价目标。在编制过程中即使有规划师等专家（不论是规划部门的规划师身份之公务员，还是规划设计院等专业机构的规划师）的介入，都不属于专家的参与。规划部门的规划师尽管具有身份之双重性，但是在编制规划时明确是公务员身份，编制行为不是其个人行为，而是归位于行政主体产生对外效力。而对于规划草案正式公众参与中可能原参与编制的专家再次参与的情况，也并不难解决，该专家可以再次参与，其对规划草案的熟悉一定程度上可以提升参与效率，[①] 而且专家不止一人，其他专家也能够对其实现制衡，从而能够避免主体合一的情况。

3. 专家参与的利与弊

任何事物都有正反两方面，专家在城乡规划领域的公众参与也不例外。上面是在理想状态下的分析，专家被设想为理性、专业、无偏私的群体。其参与目的就是发挥专业特长，使城乡规划更趋于合理。

但是，可能存在的问题有：（1）专家的私益目的取代了其本质功能，利用专家身份为自身或利益集团谋利。（2）专家的规划思路与一般公众存在差异，尤其体现在规划价值观和社会理想层面。这里稍作解释：尽管专家一般而言仅就规划的专业性问题发表意见，但是技术性问题和价值、伦理等更高层面的内容有时很难区分，而"专业人士的价值观和社会理想与一般大众的隔离与分化，导致他们在规划决策中不一定能反映民众的价值观以及社会理想。"[②] 例如，在常熟市历史文化名城保护条例的规划制定中，"居民首先关心的是与自身利益密切相关的物质现实——即他们的生存空间和与之配套的城市基础设施。只有在与此不相矛盾的前

---

① 该专家由于早期介入到规划编制过程中，因此在第二次参与时由于对规划草案的情况比较了解，对他个人而言，不需要再做基础性资料的了解和整理；对整个专家群体而言，他也能够充分介绍规划情况和背景以节约时间。从这两点而言，无疑提高了参与的效率。

② 周江评、孙明洁：《城市规划、发展决策中的公众参与——西方有关文献及启示》，载《国外城市规划》2005 年第 4 期。

提下，居民才会转向关心城市建设的文化品位。"① （3）当规划的行政主体对规划的公众参与持否定态度时，很有可能利用专家意见来对抗普通公众的意见，而且以其专业性技能作为对抗理由。专家的参与此时具有了工具主义色彩，成了行政主体限制公众参与权的借口。

四、参与方式

（一）基本情况和特点

城乡规划领域公众参与的方式主要表现为一系列的程序方式。"行政程序法所规定的参与机制，一方面有助于行政机关正确认定事实，减少行政程序中的错误成本……另一方面……也加强了相对人对行政机关的信任……"② 因此，参与方式的设置对于最终参与的效果起着至关重要的作用，一方面，公众通过这些程序、方式进行公众参与活动，希望能够对规划方案产生预期的影响力，另一方面，参与主体也会对这些程序规则的动态运作过程产生内心评价，而这种评价又将反过来影响公众下一次参与的积极性。

从法律规定设置的参与方式和程序看，体现出以下几个特点：其一，设置了多种参与方式，如听证会、论证会、专家审查、听取意见提出专题报告等；其二，这些不同的参与方式是针对不同的参与阶段、不同的参与内容而设置的；其三，有些同种类参与方式在不同阶段的表述不同，如同样是听取意见的方式，有的明确规定是听证会形式（《城乡规划法》第26条），有的采用"征求

---

① 唐丝丝：《议公众参与原则在城市规划中的实践》，载城市规划网 http://www. upla. cn/special/article. shtml? Id=3085&subid=576&sid=105，最后访问时间：2013年2月21日。

② 王万华：《行政程序法研究》，中国法制出版社2000年版，第44页。

意见"的表述（《城乡规划法》第 48 条），有的采用"听取意见"的表述（《城乡规划法》第 50 条）。

关于城乡规划领域公众参与的具体运行方式和程序的内容，不再进行一一介绍。因为听证会、论证会等方式不但在城乡规划行政领域运行，其他大量的行政领域亦普遍实施，它们已经成为当代行政活动的基本运作方式之一。不同行政领域内的听证等程序没有太大差异性，只是在实体问题上存在专业性内容考虑，听证实施的方式、步骤、基本形态等内容业已定型，与此相关的研究成果也非常丰硕。因此听证会、论证会如何进行，程序是什么等内容此处不再占用篇幅说明。

（二）四个实体性问题及解答

1. 四个问题

这里只对参与程序设置的有关实体性问题进行进一步分析：

（1）为什么在不同规划阶段设置不同的参与程序，在某规划阶段选择这种参与方式而不选择别的参与方式的理由是什么？即参与方式与规划阶段匹配对应的理由何在？

（2）为什么在参与方式设置上不是直接统一规定为最严格的听证程序？

（3）专家的"审查"行为是否仍然属于公众参与的方式之一，为什么其单单出现在规划确定阶段的总体规划定期评估制度中？

（4）对于"非重要地块的修建性详细规划"，在规划启动阶段是由开发单位进行公众参与的，而在规划修改阶段，对同一修建性详细规划，利害关系人享有公众参与权。这两者似乎存在规定上的差异和不统一，如何解释？

2. 解答

以下逐一进行分析和解释：

（1）第一个问题

为什么在不同规划阶段设置不同的参与程序，在某规划阶段选择这种参与方式而不选择别的参与方式的理由是什么？即参与方式与规划阶段匹配对应的理由何在？

上文已述，城乡规划领域公众参与针对不同的规划阶段设置了不同的公众参与方式。规划编制阶段和规划实施阶段基本都设置了听证等较为严格、操作性强的程序和方式，而规划确定阶段设置了专家审查制度，规划修改阶段针对修建性详细规划设置了听证程序，对于控制性详细规划则只是规定征求意见的方式。

首先，可以看出，在相对而言更为重要的规划阶段设置的程序较为严格，其他阶段则较为宽松。规划编制和实施阶段是最为重要的两个规划阶段，如果在这两个阶段公众不能够对规划内容产生实质影响力，而幻想在规划确定和修改过程中产生公众参与效力是不现实的。规划确定和修改都是针对内容已经成形甚至是已经发生效力的规划进行的二次活动，其重要性相对讲是较低的。那么，在更为重要的规划阶段实施严格的程序，其原理是不言自明的，为了保障公众的参与权，达到公众参与的预期目的，要求规划行政主体采用严格程序进行公众参与是必要的。这是第一个层次。

第二个层次，在规划修改阶段同样也存在针对修建性详细规划的听证程序，这似乎不能够用规划阶段的重要性来进行解释了。其实，由于修建性详细规划的修改直接关系利害关系人的基本权利义务，其影响程度已经超越了普通公众参与的层面，基本类似于一个行政行为，那么对于重大行政行为采用听证程序是不难理解的，行政处罚领域、行政许可领域都有类似规定。

其次，第二个需要分析的问题是，为什么在相对重要性较低的规划确定和规划修改这两个阶段还制定了不同的公众参与程序，规划确定阶段是城市总体规划的专家审批程序，规划修改阶段是

155

利害关系人的征求意见。笔者认为，这是由于不同规划阶段针对的对象和内容不同而决定的。规划确定阶段是针对已经制定完毕的规划草案，在编制过程中已经实施了严格的听证等公众参与程序，接下来需要由有权机关（对于城市总体规划而言，有权审批机关是上一级人民政府，见《城乡规划法》第 14 条）进行确定从而获得效力。那么，在此阶段加强规划的专业性审查，由专家对规划合理性最后把关是非常必要的。而由于在规划编制中已经运行过听证程序，此处则无须重复了。

对于规划修改阶段的利害关系人征求意见方式，这只是对控制性详细规划而言，对于修建性详细规划采用的是听证方式。控制性详细规划类似于一个抽象行政行为，其修改当然也会对利害关系人产生影响，因此征求"规划地段内的利害关系人"意见是必要的。但是因为在其编制阶段已经运行过听证程序，且修建性详细规划修改是应当采用听证的，而修建性详细规划是依据控制性详细规划制定的，利害关系人即使丧失了控制性详细规划的听证权，也可以借用修建性详细规划的听证来间接地实现。

以上分析了为什么公众参与的方式在不同规划阶段呈现不同程序，以及在特定阶段采取特定程序的原因，其实归根结底是由于规划阶段的特点和重要性不同而导致的。

（2）第二个问题

为什么在参与方式设置上不是直接统一规定为最严格的听证程序？

为什么在城乡规划领域公众参与的方式上不出于保障参与权有效实现的目的而统一设置听证程序为普遍程序？上文其实已经做了基础性回答，首先是基于规划各个阶段的地位重要性不同，相对重要的规划阶段都设置了听证等相关程序；其次是基于各个规划阶段的特点不同，有的由于必然实质性影响相对人权利而必须给予听证权；再次在有的相关联的规划阶段（如规划编制阶段和规划确定阶段），由于前一规划阶段已经运行了规划听证程序，所以在下一阶段在没有新问题出现的情况下没有必要再设置听证程序；最后从行政效率原则和中国实际状况通盘考虑，亦不适宜在每一阶段均规定听证等程序规则。

（3）第三个问题

专家的"审查"行为是否仍然属于公众参与的方式之一，为什么其单单出现在规划确定阶段的总体规划定期评估制度中？

此问题针对规划确定阶段的专家审查行为，之所以设置这样的程序之原因已经在上文分析（详见"第一个问题"分析之"其次"部分），那么接下来需要分析的是：规划确定阶段的专家审查行为是否还是属于公众参与程序的范畴。因为一般意义上的公众参与程序都是发表意见、调查问卷等温和程序，即使听证等严格程序也是由规划机关主导的，只不过其行为要受听证活动的约束。但是"审查"这种行为方式似乎已经将规划行为置于控制之下，是一种主动性的、审视性的活动，其意味不仅仅在于"参与"了，而是一种"监督检查"。尽管"参与"本身也是具备监督功能的，但与严格意义上的监督程序还是有区别的。

笔者认为，规划确定阶段的专家审查行为仍然是城乡规划领域的公众参与方式之一。这是因为：①从原因上看，专家审查程序设置的根本目的是为规划的专业性水平把关，这与一般意义上的监督机制还是有差别的。即专家只能在规划涉及专业性问题时审查此部分内容，而不能审查规划全部。这就如同行政诉讼中法院也会基于对行政专家的尊重而对某些专业性问题不予审查，由专家判断或按行政通例考察，但这并不意味着否认行政诉讼的根本监督属性。专家在规划确定阶段的审查也只是规划高度专业性的考量，不能否认专家审查的公众参与属性。②从对象上看，专家审查程序只是对总体规划报批前设置的程序，不是所有规划确定阶段的一般程序。理由是总体规划是有关城市、镇发展的基本蓝图，期限长并且是其他详细性规划的制定依据，其正确度要求更高，专业水准要求更强，所以专家需要进行审查。它并不是一般意义上独立的一项制度，只是专家参与城市规划的方式之一。③从方式上看，尽管《城乡规划法》第27条用了"审查"字眼，但是并没有继续规定审查方式、审查后果、救济程序等内容。也就是说，对于专家审查规划的法律后果没有进一步的硬性规定。实践中，专家审查基本表现为审阅规划草案、提出意见、发表看法等方式，这与一般的公众参与形式并无不同。专家提出意见后规划机关不采纳也没有制约措施，甚至都没有规定"在报送审批的材料中附具意见采纳情况及理由"（《城乡规划法》第26条）。因此，将所谓专家审查作为一项监督实属牵强，它本质上仍然是公众参与的方式之一。

这里需要注意的是，《城乡规划法》第26条规定的"所有层次规划的专家、公众意见征询"和第27条规定的"总体规划之专家审查"两个部分完全可能出现重合，专家依据第26条对总体规划进行了论证会的意见征询，又依据第27条对同一总体规划进行审查。此时这两种模式的区别并不明显。①

---

① 如果非要究其区别，那么只能说前者是"论证会"的形式，后者是"审查"的形式；前者由规划组织编制机关实施，后者由规划审批机关（即规划编制机关的上一级行政机关）实施。但是，从法条规定来看，有一个问题值得说明，第26条基于"意见征询"地位的论证会之意见，在规划报送审批时要"附具意见采纳情况及理由"，对提出意见的公众则没有规定意见反馈回应机制；第27条具有"监督、审查"意味的专家意见，也没有规定专家意见的反馈回应机制。也就是说，城乡规划领域之公众参与一概没有设置"意见的反馈回应机制"，即使是审查程度更高的参与程序，其意见主张也没有明示的确定内容。

（4）第四个问题

对于"非重要地块的修建性详细规划"，在规划启动阶段是由开发单位进行公众参与的，而在规划修改阶段，对同一修建性详细规划，利害关系人享有公众参与权。这两者似乎存在规定上的差异和不统一，如何解释？

这个问题是针对非重要地块的修建性详细规划而言，在规划启动阶段，由开发单位参与，而在修改阶段，由利害关系人参与。即同一规划种类在不同规划阶段的参与主体存在明显差异性，而且具备特定性。

其实上文已经分析过，在不同规划阶段存在不同的规划参与方式是城乡规划领域公众参与的特点，不同的参与方式相应的是由不同的参与主体运行的，参与方式与参与主体是存在对应性的。如：专家的"审查"参与，普通公众的"听证参与"，利害关系人的"陈述、申辩"等。因此，在不同的规划阶段存在不同的规划主体是可以理解的。但是，对于同一个规划种类，在实施的不同阶段，有时是这个特定主体参与，别的主体皆无参与权；有时是那个特定参与主体参与，别的主体皆无参与权。或者说，参与者的范围在不断变化，那么，变化的原因何在？选择此主体而非彼主体的理由是什么？这些是值得思考的。

笔者认为，对于修建性详细规划这种特定的规划种类而言，参与者的这种变化是合理的，特定阶段由某个特定主体参与也是能够解释的。这是因为：

①修建性详细规划是与公众距离最近的规划种类，它涉及地域和范围均有限，它的制定和修改能够直接对周围的公众群体权利、义务产生直接影响。因此，上文已经分析其性质类似于一个具体行政行为。那么，在这样的考虑下，从主体的选择上是可以解释的。修建性规划的启动阶段，最具有利益关系的是开发主体，

普通公众尚未知晓规划的预期，规划的预期是由开发主体设想酝酿的，因此编制的启动权由它实施。这主要是从"最熟悉"的角度考虑的，当然，由于其是以追求利益最大化为根本目的的民事主体，因此需要对其规划编制启动权进行若干限制，主要表现在：其一，只能对"非重要地块"的修建性规划具有编制权，重要地块仍然由规划机关编制；其二，开发单位编制后，仍然需要规划行政部门的审批，才能形成最终的规划草案；其三，对于该规划草案，在规划实施阶段同样要经历严格的听证会等程序的公众参与才能最终生效。

②从修建性详细规划的修改阶段来看，法律没有区分"重要地块"、"非重要地块"，都是由利害关系人进行公众参与。这是因为：修建性详细规划尽管在编制和实施阶段都是有公众参与的限制因素存在的，但是往往是规划已经运行一段时间之后公众的感知最为直接。因此在规划修改阶段，公众的参与热情更高。公众都希望规划能够按照自己的想法和意愿修改，尤其是这种与周边公众利益休戚相关的修建性详细规划。因此，修改阶段将不光是原开发单位，而是所有与规划有关的利害关系人纳入到公众参与的范畴是正当的，① 这也不能认为是参与主体的扩大化，而只能说是回归了本来的范围。

五、参与效力

（一）重要性

公众参与城乡规划最为关键的内容是参与的效力，之前参与

---

① 而在规划编制启动阶段未将所有利害关系人纳入的理由：一是开发单位"最熟悉"原则；二是行政效率原则；三是接下来的规划正式编制阶段包括利害关系人在内的公众仍然可以进行严格的公众参与。

主体、参与阶段、参与内容、参与方式的分析其实都是为参与效力的实现做铺垫。参与效力的有无、参与效力的高低是评价整体公众参与城乡规划的标准，没有参与的效力或者参与效力极低将使之前所有的制度设计成果付诸东流，而且更为重要的是，参与效力丧失还将极大地伤害参与者的积极性，长此以往使公众参与制度沦为空谈。

但是，参与效力的评价是比较困难的。这是因为：其一，参与的效力是否实现，是否达到参与主体当初进行公众参与的预期目标。这些是一个主观性很强的共同判断，"仁者见仁、智者见智"，很难做一个统一的评价。其二，参与的过程是一个动态的运行过程，参与的效力很难做静态分析，对同一个规划的公众参与过程而言，可能这个规划阶段高些，那个规划阶段低些甚至没有。其三，每个规划都要经历公众参与的考验，有时参与的效力是事后显现的，当时参与主体可能并没有感觉。也就是说参与效力的产生和参与活动之间可能存在"时间差"，即时间上的延后性。这也为我们判断参与的效力增加了困难。

（二）一般表现状况

从《城乡规划法》及其他相关法的规定来看，城乡规划领域的公众参与效力表现主要有以下三种情况：（1）报送审批材料中附具意见采纳情况及理由；（2）个别的规划特定的参与效力，如许可规划中"依据许可听证笔录作出是否许可"的参与效力；（3）未明确参与的具体效力。

这样的状况呈现出以下特点：（1）有的规划种类整体都未规定参与效力，主要体现于总体规划种类；（2）规划的某些阶段也未规定参与效力，主要体现于规划修改阶段；（3）大量的情况下都未明确规定规划公众参与的效力。

应该指出的是，城乡规划领域公众参与的参与效力呈现出这样的特点是与世界范围内加强公众参与的趋势相违背的，固然有实践状况、法律土壤等原因，但是上文已述，如果公众参与城乡规划的效力不能显现并使参与之中的主体切身感受到，那么，整体公众参与制度都会面临崩塌的危险。因此，对我国现阶段公众参与城乡规划而言，提升公众参与的有效性是亟待解决的问题。

（三）参与有效性的考量

公众参与城乡规划的效力结果主要表现于参与的质量，即公众能够通过一系列的参与程序在多大程度上影响规划本身，规划能满足多少比例参与主体的事先心理预期。当然，从实然程序的角度分析，参与的效力也不光表现为这些实体方面，研究分析公众参与的效力主要还是进行制度探寻，即从规则创设、实施的角度，如何保障良好的规则获得良好的实施。可以认为，这样程序正义的结果相应地也会带来实体正义。

因此，城乡规划领域公众参与有效性的考量主要分为两个层面：其一为客观性的完善，包括规则创设、调整，制度的完善等；其二为主观环境的改观，包括参与主体的心理、运作状态的实施等。

由于参与的效力是城乡规划领域公众参与的关键层面，因此笔者将在下一章进行专门探讨，首先分析现状的原因，其次提出提高参与效力的合理化途径，最后分析实现实然状态到应然状态转变的可能性大小，即积极因素和可能的阻碍。

第二节　公众参与城乡规划之问题
分析——制度规范层面

对于我国城乡规划领域公众参与的实际情况中存在的问题，

上文已或多或少进行了叙述，但是只是分散的、片面的说明。以下从各个层面进行系统的总结和评述。

一、参与的阶段

在城乡规划的各个参与阶段，公众参与的形式与内容是不同的，除了在规划启动阶段不太适宜（至少是现阶段）于规定严格的公众参与程序，在其他阶段应当规定相应的参与程序规则。这一点上实然与应然状态并没有明显差距，我国在规划确定、规划实施、规划修改阶段都规定了公众参与的具体规则，在规划启动阶段也规定了利害关系人对修建性详细规划的参与权。

但是，这里需要指出的是，尽管我国在城乡规划中的各个阶段都设置了公众参与权是毋庸置疑的，也就是说，公众参与基本覆盖了参与的各个阶段。但是细化到各个阶段的内部构造，可能还是存有空白。以规划编制阶段为例，规划编制阶段是最为重要的公众参与阶段，一旦规划编制完毕发生效力，再想扭转将颇为困难。我国现行参与程序的确在规划编制阶段有所体现，但只是在规划草案形成完毕的修订过程中有所体现，而在规划草案的形成过程中缺失公众参与规则。也就是说，公众只能对成型的规划草案发表看法，但是规划草案未成型前没有法定羁束的参与规则。

所以在城乡规划的形成过程中存在的主要问题是：尽管规划公众参与已经在大的范围上覆盖了城乡规划的各个阶段，但是具体到某一个阶段，还是存在公众参与的空白。我们当然并不主张所谓"无缝隙"的规划参与，事实上也无法做到。但是，在特别关键的规划形成阶段，是应当也必须有参与程序的。这也是符合"尽早与可持续"参与原则的。

另外，从各个参与阶段的参与内容上考察还是有瑕疵的，我们在下一部分进行说明。

二、参与的事项与内容

审视我国现阶段公众参与城乡规划的具体事项内容，可以发现以下缺陷：

（一）详细性规划公众参与之间断性缺失

上一章分析城乡规划领域公众参与运行模式和状态时，我们已经分析过各个参与阶段参与内容的缺失表现：第一，在规划确定阶段，没有关于详细性规划的公众参与内容；第二，在规划实施阶段，没有关于详细性规划的公众参与内容。

这样看来，有些规划种类没有成为城乡规划领域公众参与的对象，而且基本上表现为详细性规划。对于与普通公众联系更为紧密、权利义务影响程度更大的详细性规划，在规划实施和确定过程中都缺失公众参与的程序规则，显然是一个重大失误。

（二）以相关法内容替代本体法

我们已经看到，在城乡规划实施阶段除了对总体规划设置了定期评估制度，对详细性规划没有提及公众参与的内容。只是考察其他的行政相关法，我们发现，《行政许可法》、《环境影响评价法》对有关领域的规划内容作出了相关规定，《行政许可法》是对于两种类型的重大许可事项，《环境影响评价法》是环境影响报告草案。

这种模式实际上极不利于公众参与方式的实现，尽管是两个相关领域的规划种类，但是毕竟还是城乡规划的行政方式，那么在城乡规划的本体法没有提及，而在其他相关法予以规定，很容易被相关行政当事人所忽略。笔者认为，至少应当在《城乡规划法》中规定"其他法律法规中的特别规定"这样的字眼，至少起到提醒当事人注意其公众参与权的作用。

（三）控制性详细规划和修建性详细规划的修改采用不同前提

在规划修改阶段，对于控制性详细规划的修改，公众参与针对的是修改的必要性，即是否修改该控制性详细规划要征求规划地段内利害关系人之意见；而对于修建性详细规划，公众参与针对的是修改的具体意见，即如何修改、怎样修改要听取利害关系人的意见。

这里需要强调的是，对于修建性详细规划的修改内容公众直接提出意见是完全正当的，而且因为修建性详细规划对当事人利益影响最为直接，因此也必须听取修改具体意见，《城乡规划法》也规定了采用听证会的严格形式听取利害关系人的意见。但是，对于控制性详细规划，只规定对于是否修改，即修改的必要性进行公众参与则是明显不够的，公众应该也可以对修改的具体意见提出主张。

尽管在上一章运行状态"参与阶段部分"的分析中，我们提出了公众参与的逆向方式，即公众可以通过"修建性详细规划—控制性详细规划—总体规划"的反向方式进行参与，但不可否认的是，这种参与方式只是一种实然性表象，的确它是实践中呈现出来的一种方式，也在一定程度上符合当事人的心理运作模式。

但是基于以下几点，笔者认为控制性详细规划对规划的修改内容也听取利害关系人意见更为可取：其一，从参与方式统一性的角度讲，对于同一类规划，采用同一种规划参与方式更协调；其二，只对控制性详细规划的修改必要性进行公众参与，而不能提出具体修改意见，只能视为公众参与完成了一半，是一种片面的公众参与；其三，从操作上讲，给予控制性详细规划修改意见公众参与权也很好实现，不难操作。因为论述修改之必要性往往都会论述具体的修改主张和意见，二者是有联系的问题。

三、参与的主体

在城乡规划领域公众参与的主体层面，存在的问题特别多，当然这里面有客观因素（如法律规定）所导致的，亦有主观因素（如参与主体心理）等其他情况所导致的。以下逐一进行分析：

（一）仍然呈现"对应式"参与模式

目前城乡规划领域公众参与主体还是表现为一种"对应式"公众参与模式，即某个参与主体参与某个规划阶段，如专家参与规划实施中对于总体规划的定期评估活动，除此之外的其他参与主体都无参与权。专家审查固然重要，也非常必要，设置在规划确定阶段也有其合理性（上文已经分析）。但是，这些都不能成为排除其他参与主体参与权行使的理由。

（二）利害关系人成为参与主体有待再商榷

公众参与的主体严格意义上而言是一种普遍意义的参与主体，"公众参与是现代国家公共机构决策程序的核心概念之一。具体到行政领域，简单地讲，就是指行政机关提供机会，让公众或其代表对行政决策提供意见或者施加影响的程序机制。公众参与是宪法基本权利保障原则和民主原则的基本要求。"[①] 公众参与已经上升为宪法层面的基础性权利，绝不仅仅是利害关系人才能享有的

---

① 马英娟：《行政决策中公众参与机制的设计》，载《中国法学会行政法学研究会 2008 年年会论文集》，第 451 页。

权利，而我们制度设置上在规划修改阶段只规定了利害关系人参与权，这在广度上是不够的。

另外，利害关系人当然也属于"公众"的范畴，但是它的参与动机是基于根本利害关系，这与公众参与本质上强调民主性、行政决策科学性的目标不在一个层面。其实，利害关系人的标准与行政诉讼原告资格标准一致，仍然属于个体维权的范畴，与公众参与宽泛的参与原则不相符。

总之，尽管利害关系人亦属于广义上公众的一分子，但是利害关系人参与与公众参与城乡规划的本质含义还是存在区别的，而以利害关系人之参与代替公众参与（即除利害关系人之外，别的主体无权参与）从某种意义上而言是一种倒退。

四、参与方式和途径

对公众参与城乡规划的方式进行确定，首先应当分析公众在参与城乡规划过程中所起的基本作用，以基本作用的实现为目标去确定参与方式。公众在参与程序中所起的作用包括：（1）提供资讯，主要是有关规划地块的信息；（2）表达意愿，对于特定地块以及城市发展的预期；（3）提供技术支持，这体现了专家的作用。[①] 凡是在规划中公众能够发挥以上作用的方式，都是可以施行公众参与的途径。因此，从应然角度讲，公众参与城乡规划的方式途径应当多元化，不拘于具体的形式，只要能够起到上述基本作用即可。

（一）实践中存在理解偏差

目前法律规范层面设置的参与途径有两种表述：一种是明确

---

① 陈振宇：《城市规划中的公众参与程序研究》，法律出版社 2009 年版，第 81 页。

规定各种参与形式，包括听证会、论证会或其他形式、专家审查的方式等；另一种是以"概括式表述"的"征求意见"。实践中的做法很多，表现为"调查问卷"、"网络征询"、"投票评选"等诸多方式。也就是说，法律明确规定采用羁束性内容的公众参与必须采用该方式，如规划编制阶段的听证会、论证会或其他方式。法律未明确规定具体形式的，可以采取多种形式进行公众参与。

本来这样的立法规定是没有问题的，立法者是循着这样的思路进行的，既有列举规定，亦有概括规定，在列举规定里，既有指定方式，亦有"其他方式"的兜底条款。这样，既有操作性强的确定方式，亦为规划主体留下了更多的选择空间。

但是，应该注意的是，规划法律规范这样的规定方式在理解中出现了一定的偏差，主要表现在：

1. 认为"其他方式"可以随意选择

法律明确规定采取"论证会、听证会或者其他方式"征求意见的，"其他方式"是为了列举不全而做的概括式表述，但是这并不意味着"其他方式"可以任意选择，它应当仍然是类似于听证、论证的一种严格方式。表现为严格的规范性程序，而不是随意性的方式。从这一点考量，《北京市城乡规划条例》将"公示"与听证会、论证会并列规定有待进一步商榷①。

需要指出的是，在城乡规划领域听证会、论证会究竟应该具备哪些制度特性和制度结构，以及相关的运行程序，《城乡规划法》没有明示规定。《环境影响评价公众暂行办法》虽然进行了较

---

① 2009 年 5 月 22 日经北京市第十三届人民代表大会常务委员会第十一次会议通过的《北京市城乡规划条例》第 14 条第 3 款规定："规划的组织编制机关应当依法征求专家和公众的意见，可以采取论证会、听证会、座谈会、公示等多种形式，并在报送审批的材料中附具意见采纳情况及理由。"

为详细的规定，① 但仅是针对建设项目环境影响评价的听证具体程序，而并不是城乡规划领域的统一规则。我们只能类比行政领域的其他相关法（如《行政处罚法》）之明示性规定来进行参考。

2. "征求意见"的概括式规定可能使公众参与流于形式

在概括式表述的"征求意见"方式下，规划行政机关采用了多样化的参与方式，但是无论是网络征询、调查问卷，抑或是游戏模拟等方式，都只是一种被动型参与，参与者只是满足了最低的参与要求，通过这些方式能否征求到意见、能否真实的表达意愿，征求意见后如何处理和反馈，都没有具体详细至少是举例式的后续环节。当然，我们不能否定这些方式仍然是公众参与的方式，也并不是要求所有的公众参与方式都要体现类似于听证会那样严格的程序规则。但是，仅仅凭借"征求意见"四个字就包含了这种情况下所有的公众参与城乡规划的方式方法，显得过于简单和无序，至少有示范式的行政环节或形成一定的行政惯例。否则，公众一是感受不到公众参与的实质民主性，二是感受不到参与的效果。长此以往，将影响公众参与城乡规划的信心。

3. 对"征求意见"概括式表述的理解存在偏差

上文已述，《城乡规划法》将公众参与的方式分为两个层次，一种严格羁束，一种自由选择。似乎是将两种方式并列规定，按照实际情况由规划主体进行选择。

但是，应该强调的是，征求意见本身也可以包括听证等严格方式，两者是包容关系，而非并列关系。因此，在对"控制性详细规划修改"进行意见征询时（《城乡规划法》第48条），尽管规定"征求规划地段内利害关系人的意见"，但是这种征求意见也应

---

① 参见2006年2月14日国家环境保护总局印发的《环境影响评价公众参与暂行办法》第21条至第32条。

当包括听证等严格形式，而不应理解为只是除了听证等严格形式之外的其他随意性方式。实践中，大量规划主体并没有这样理解，而是认为法条规定听证的就采取听证，没有规定听证的就不再听证，只是简单地征求意见即可。

4. "论证会"排序在"听证会"之前不当

《城乡规划法》第26条、第46条，《环境影响评价法》第21条等这些规定了城乡规划领域公众参与严格程序方式的法律条款，在规范内容上不约而同地表述为"采取论证会、听证会或者其他方式……"将论证会排序在听证会之前，本身似乎没有失误，论证会、听证会两种方式只是运作模式不同，程序的严格性基本相似。

但是，从实践角度考察，听证会由于诸多行政领域相关法（如《行政处罚法》、《行政许可法》）的明确规定，以及实践中多次的运用，相对而言，会比论证会实施更为透明有效，听证会也一般被认为是最充分听取民意的参与方式。"……作为社会成员的市民则通过这项制度表达意愿，期望行政机关能够吸收这些意见，以此影响行政机关的决策走向。因此，听证会也构成了市民参与行政过程的一种制度方式。"① 论证会由于是由专家对于技术性问题进行的论证，受众较窄，也没有制定法上可循的基本模式规定，因此操作随意程度比听证会大。故笔者认为，排序将论证会放在听证会之前，似乎有更重视专家公众参与作用而轻一般意义上的公众意见之嫌，稍显不当。

（二）缺乏法律明示的评价与反馈机制

城乡规划领域的公众参与目的是吸收民意，促使规划内容与

---

① 朱芒：《论我国目前公众参与的制度空间——以城乡规划听证会为对象的粗略分析》，载《中国法学》2004年第3期，第50页。

大众意愿更为贴切。从实体上说，规划机关可能的确在公众参与后对规划草案进行了偏向于公众意见的调整，但是由于程序上没有实际体现，从而使公众无法感知。"参与过程大多没有形成一种参与—反馈—再参与的连续、互动机制，很多时候表现为一个资料收集过程。政府当局将公众的意见、建议收集上来，但这些意见、建议是否被采纳……等后续事情往往不了了之。"①

从现有规范层面来看，即使是规定了较为严格的听证会、论证会等形式，也没有后续对于公众意见采纳情况的公众反馈机制。《城乡规划法》第26条规定的意见采纳情况及理由是报送给规划的审批机关的，对于普通公众而言，没有反馈机制，不论是对参加听证抑或是未参加听证的公众。"对于公众而言其意见是否被采纳也要等规划批准公布后才能知道。"②

（三）特殊规划适用严格方式的范围过窄

在城乡规划实施过程中，除了一般意义上的城市规划种类，还涉及某些专项规划或特殊行政领域之规划。《城乡规划法》及其他相关法明确规定了两种：其一是规划许可领域，分为"法律规范明确规定、其他涉及公益的重大许可事项"和"直接关系他人重大利益的许可事项"两部分；其二是在规划环评领域，分为"可能造成不良环境影响并直接涉及公众环境权益的专项规划之环境影响报告书草案"和"对环境可能造成重大影响、应当编制环境影响报告书的建设项目环评报告草案意见征询"两部分。

这两个层面的城乡规划之公众参与方式都明确规定必须采用

---

① 郭红莲、王玉华、侯云先：《城市规划公众参与系统结构及运行机制》，载《城市问题》2007年第10期。

② 孙施文、朱婷文：《推进公众参与城市规划的制度建设》，载《现代城市研究》2010年第5期。

"听证"、"听证、陈述和申辩"、"论证会、听证会或其他方式"这些严格的途径和方式(《行政许可法》第 36 条、第 46 条、第 47 条;《环境影响评价法》第 11 条、第 21 条)。

那么,对于这些特定领域的重大城乡规划行为,采用严格程序方式进行公众参与的实践,本身无可厚非,但是如果换一个角度思考,仅仅在涉及"重大"事项之规划参与中,才能适用严格程序么?而且本身"重大"与否的评判也没有明确客观之标准,评判权亦是由规划行政机关掌握,这样可能出现两种情况:其一,善意规避。即规划行政主体将本该视为"重大"范畴的特定规划,由于判断错误而没有适用严格公众参与方式,使参与者丧失了参与权;其二,恶意规避。即规划行政主体出于规避严格公众参与程序的主观故意,将明知属于"重大"范畴的特定规划解释为一般情况,使参与者丧失参与权。

而且进一步分析,即使我们将规划行政主体视作"公正、无偏私"且不会判断失误的主体,但从规范角度分析,仅仅只有"重大"特定规划才能适用严格程序么?笔者认为,"一般性"的特定规划至少不能排除严格程序,也就是说,可选择一般程序方式,亦可选择严格程序方式。而现行的立法只规定"重大"事项采用严格方式,导致实践中规划行政主体对于"一般性"的特定规划只采用一般公众参与方式,排除采用听证等严格方式的可能。

第三节　公众参与城乡规划之问题分析——其他要素层面

"我们采用系统论的方法进行一般分析,将公众参与城市规划体制看作一个系统,这个系统的子系统可分为实体系统、制度系

统和意识系统。"① （见图 20）

系统	子系统	要素
城市规划中的公众参与系统	环境子系统	交通、通讯、市民收入水平、城市经济发展水平等
	制度子系统	相关法律、法规、规章、条例等
	意识子系统	积极性、主动性、能力、素质等

图 20：公众参与城市规划系统

不难看出，城乡规划领域之公众参与受多方面要素的影响，除了上述制度规范层面的要素之外，尚受到环境层面、意识层面等多重因素的合力作用。以下就其他层面所表现出的问题进行简要分析。

一、利益组织化程度很低

我国目前城乡规划领域公众参与基本还表现为个体参与，公民在自身利益可能受到影响的情况下才会考虑公众参与形式，经过组织化的利益群体之参与非常少。

造成这种情况的原因是：一方面，这与长期形成的公众参与意识薄弱有关，公众不愿意参与；一方面，这与城乡规划的高度专业性、技术性特点有关，公众不懂得规划内容，无法参与（见图 21）；一方面，这与缺乏非政府组织作为公众代言人现实存在有关，公众找不到这样的机构。"当前……尚缺乏有效组织公共参与的机构，社会组织特别是非政府环保组织的影响力非常有限。从国外城市规划的经验看，社会组织特别是非政府组织作为介于政府

---

① 郭红莲、王玉华、侯云先：《城市规划公众参与系统结构及运行机制》，载《城市问题》2007 年第 10 期。

部门和盈利组织之间的中间组织，在环境数据调查、立法建议、政策监督等方面均发挥了重要的作用，非政府组织已成为公众参与的一种有效的组织方式。"①

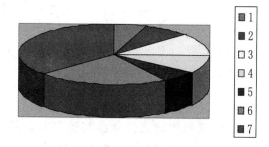

图 21：公众对"规划知识"的了解状况和程度②

（1—知道但未表明途径 5.62%；2—通过宣传手册了解 7.63%；3—通过宣传栏了解 12.15%；4—通过规划日宣传活动了解 9.44%；5—通过其他方式了解 5.92%；6—知道一点 22.39%；7—没听说过 36.85%）

缺乏组织化的公众参与对于公众参与有效性的影响是显而易见的，"利益的多元化是公众参与的社会基础……尽管规划参与过程中涉及各种利益之间的协调，但是经验的观察表明，那些组织化的、集中的利益主体往往能够对政策的制定过程施加有效的影响，从而使规划政策的制定反映出对这些特定利益的偏爱。相反，那些虽然受到政策影响更大，但分散的、没有得到组织化的利益，在参与过程中对决定和政策的影响却往往令人失望，如一些分散

---

① 陆佩华、关剑峰：《我国城市规划中的公众参与问题研究》，载《湖南工程学院学报》2008 年第 4 期。
② 转引自蔡定剑主编：《公众参与——风险社会的制度建设》，法律出版社 2009 年版，第 148 页。

的社会公众的利益。① 在这里，不同的参与主体在参与机会以及参与的程度方面，存在着明显的不平衡。组织化的利益不论是在参与机会上，还是参与程度及有效性方面，都处于优势。②

二、专家参与的负面表象

专家参与城乡规划是适应城乡规划高度技术性特点的，专家以其专业性能力和知识水平去参与规划方案的制定和实施。在规划确定阶段，专家获得了比传统意义上之公众参与权更大的参与权——审查规划草案，在规划实施阶段的定期评估制度中，专家也是当仁不让的主要参与主体。专家参与城乡规划的必要性和重要意义不言而喻。

但是，不可否认的是，专家之公众参与同样存在弊端。在上一章"专家参与的利与弊"部分已经有所分析，其负面表象主要表现在以下两个层面：

第一个层面，从规划主体的角度看，存在两个极端：第一，不尊重专家意见，专家意见没有对规划草案产生影响力。此时，普通公众之参与意见是否能够产生预期的影响力更值得怀疑了。第二，以专家意见代替公众意见，以专业性为"正当理由"变相阻碍普通公众参与权行使。

第二个层面，从专家本身的角度看，第一，如果抛离了自身"无偏私"的角色定位，将有可能成为规划行政主体或者某些利益集团的"利益代言人"。这个层面相较第一个层面后果更为严重，这种主观恶性隐藏在"专业水平和评价"的幌子之后，很难被公

---

① 王锡锌：《公众参与和行政过程——一个理念和制度分析的框架》，中国民主法制出版 2007 年版，第 77 页。

② 徐丹：《城市规划中的公众参与程序——理想与困境》，载《湖州师范学院学报》2010 年第 6 期。

众知晓。第二，专家作为技术人士，可能会更多地考虑技术内容，从而忽略了政治因素和价值因素。而城乡规划本质是一种政治性的利益博弈。第三，专家身份的个体化差异极大，这种个体差异可能会对规划结果产生影响，而这种差异事前很难避免，这就使专家参与的结果充满偶然性。一方面，有些专家群体积极参与城乡规划，如上文所说的 2006 年厦门 PX 重化工项目经公众参与最终实现迁址，率先提出异议的正是专家群体。但另一方面，"规划师的知识结构和工作经历使其与生俱来地缺乏社会活动能力（规划师被认定为是专业技术的工程专家而不是社会活动家），这也导致规划师对可能公众参与在本能上消极。"[①] 所以，参与某个规划的专家个体想法的差异性会对参与结果产生影响。

三、大量表现为被动性参与

纵观我国城乡规划领域公众参与的主体及参与动机，可以总结为以下四个内容（见图 22）：

参与主体	参与动机
政府及规划行政部门	以实现公共利益为己任的主导参与
规划专家	以寻求科学规划为目的的技术参与
利益集团	以谋求经济利益为目的的干预参与
社会公众	以维权为目的的被动参与

图 22：城乡规划领域公众参与的主体及参与动机

可以看出，在四个主体的公众参与活动中，社会普通公众之参与是处于末端且呈现出被动参与状态。这种状况基于两方面原

---

① 郝娟：《解析我国推进公众参与城市规划的障碍和成因》，载《城市发展研究》2007 年第 5 期。

因：其一，目前的城乡规划领域公众参与制度中，尽管已经设置了大量的程序性规则以保障公众参与权，但是仔细分析这些规则，其主语都是"组织编制机关"（《城乡规划法》第 26 条、第 48 条）、"审批机关"（《城乡规划法》第 27 条）、"城乡规划主管部门"（《城乡规划法》第 50 条）等行政主体，也就是说，公众参与的启动权是由行政机关来提起的，公众参与不是严格意义上的主动参与，而是标准的被动参与。这显然是与公众参与城乡规划的本质意义相违背。其二，这种被动性参与当然也是与上文所说的公众参与意识不强、热情不高有一定关系。但这也是我们追求公众参与有效性的初衷，无效会导致不参与，不参与自然无效，长此以往将形成恶性循环。

四、参与的广度、深度皆有限

从广度来讲，目前城乡规划领域之公众参与活动没有覆盖重要的规划种类和规划阶段，如规划编制中的草案形成阶段。从深度来讲，基于主观、客观等多方面原因，公众参与城乡规划的有效性也比较低。这也正是本章讨论的内容。

我们固然不提倡"全方位、无缝隙"的公众参与，也并不提倡无限制、无秩序的公众参与，"越来越多的统计资料表明并支持以下观点：即那些自发的、不加限制的、没有充分考虑相关规则的公民参与运动，对于政治和行政体系，可能带来功能性失调危机。"[1] 但是，基本领域的一般性规划应当设置公众参与的机制，至于公众是否行使参与权是另一个问题，是否设置相应规则是前

---

① ［美］约翰·克莱斯·托马斯：《公共决策中的公民参与：公共管理者的新技能和新策略》，孙柏瑛等译，中国人民大学出版社 2005 年版，第 65 页。

提性条件。

本章小结

"公众参与的运行机制由参与主体、参与事项、参与程度、参与方式、参与次数、参与效力等要素构成。"[1] 城乡规划领域公众参与的运行模式和状态是实然性内容之分析，只有对基本的制度运行情况有所了解，才能进行应然性探讨。本章主要循着公众参与城乡规划的步骤进行分析，分别从参与阶段、参与内容、参与主体、参与方式以及参与效力的角度进行了较为详细的说明和分析，指出参与阶段应当适当增加部分缺失的参与事项，参与主体的选择及参与主体的重合交叉问题，参与方式的多元化去适应不同规划阶段和规划特点，以及参与效力的表现状况和特点。另外，本章还从两个层面阐释和分析了实然状况下，公众参与城乡规划所表现出来的问题，分别是制度规范层面以及环境、意识等其他层面。

---

[1] 江必新、李春燕：《公众参与趋势对行政法和行政法学的挑战》，载《中国法学》2005 年第 6 期。

第五章　城乡规划领域公众 参与有效性探究

公众参与城乡规划最为关键的内容是参与的效力。参与效力的有无、高低是评价整体公众参与城乡规划的标准，没有参与的效力或者参与效力极低将使之前所有的制度设计成果付诸东流，而且更为重要的是，参与效力丧失还将极大地伤害参与者的积极性，长此以往将使公众参与制度沦为空谈。

在此将城乡规划领域公众参与之有效性问题以专章形式进行分析，希望对这一关键性问题提出良性、合理化建议。

第一节　公众参与有效性之考察标准

一、考察意义

公众参与的有效性，指的是公众参与所发挥作用的程度以及所产生的效果。公众参与应当是有效的参与，如果公众参与不具有有效性，而只是流于形式，那么公众参与制度也就失去了存在的必要性。[1] 因而，参与的有效性是公众参与的制度根本所在，因为"在参与走过场的阴影笼罩下，公众也会自然而然的丧失对参

---

[1]　王青斌：《论城市规划中公众参与有效性的提高》，载中国政法大学法治政府研究院编：《公众参与法律问题国际研讨会会议资料》。

与制度的信任。"①

具体到城乡规划领域，公众参与有效性的考量显得尤为重要。这可以从两个层面进行分析：

第一个层面，从公众参与规划过程本身而言，如果参与的规则不能使公众对最终的规划结果产生预期的影响力，那么一方面这样丧失了公众参与城乡规划的必要意义，另一方面也使公众参与下一次规划的积极性受挫。这两方面将使公众参与城乡规划制度沦为形式。

第二个层面，从公众参与城乡规划的最终结果——规划方案而言，又具有两个特性：

一是相比较大多数行政行为的结果而言，城乡规划方案具有未来导向性，规划方案都是对未来的城市建设进行指导的，因此判断此次公众参与规划的有效性可能要经历一段时间的等待，即参与的效果显现具有延后性。同时此次参与的效果又会一定意义上影响接下来公众参与的信心，因此，预先通过制度设计提高参与有效性对城乡规划领域尤为重要。

二是长期性和广泛性。其他大量的行政行为存续期限较短，适用范围有限。而城乡规划行政行为则不然，规划方案通常期限长，适用范围非常广泛，② 一旦失误后果将难以弥补，而且规划修改阶段的公众参与也非常受限。这样看来，通过加强规划制定过程中公众参与的有效性，尽可能地避免失误和错误就显得尤为重要。

---

① 徐文星：《行政法背景下的公众参与：公众参与机制的再评价》，载《上海行政学院学报》2007 年第 1 期。

② 总体规划期限可以达到 20 年，适用范围依据种类不同而有区别，如：城市总体规划适用于全市地域，镇总体规划适用于全镇地域。而控制性详细规划的期限一般与政府五年规划同步，即最少 5 年，最多不超过总体规划的 20 年，控制性详细规划同样也是涉及广泛群体权利与义务。

二、参与有效性的评价机制

上一章"参与效力"部分已经分析，城乡规划领域内的公众参与之有效性问题地位非常关键和重要，但是具体评价某一规划的实施效果却比较困难。原因主要基于三点：其一，参与的效力是否实现、是否达到参与主体当初进行公众参与的预期目标，这是一个主观性很强的共同判断，存在个体差异，很难做一个统一的评价；其二，参与的过程是一个动态的运行过程，参与的效力很难做静态分析；其三，参与效力的产生和参与活动之间可能存在"时间差"，即时间上的延后性，在当时判断参与的效力比较困难。

尽管如此，我们对城乡规划领域公众参与的效力还是要做一个评价标准，至少是一个最低限度的标准，符合基本的几项标准要求，就可以认为该规划的公众参与是具有最低效力的。否则，如果任由公众参与有效性的评价标准"模糊化"，某个规划方案的参与效果有没有、好不好都不能回答，那么接下来如何提高参与效力的分析将无法进行。

这里需要注意的一个问题是，评价标准应该分两个层次：第一是事实层面，评价公众参与城乡规划的有效性是否具备，即有无现实参与效力；第二是价值层面，在参与效力产生的情况下，公众参与城乡规划的效力是高或低、效果是好或坏，即参与的质量。以下分别进行分析：

（一）事实层面之标准

1. 两种途径

事实层面有无公众参与效力的判断，可以通过两种途径分别获得：第一，实体角度看，最终证实运行实施的规划内容和当初公众参与的规划草案内容有无改变、改变多少，改变的内容是否与公众参与的意见内容一致或重合；第二，程序角度看，是否在既有制定法中具体设置了一系列规则（如规划行政主体对公众参与意见的回应程序），这些程序规则的运行或多或少将使公众参与产生效力。

实际上，这两种途径并不是矛盾的，如果相应的程序性规则具体、明确、完善，则规划草案的实体内容一定会通过这样的公众参与程序之运行而逐渐符合公众之意见；反之亦然，要使得规划草案内容逐渐偏向于公众意见的调整，也需要一套明确、完整的程序性制度来实现和保障。

"在法治主义旗帜下，有两种理想类型：形式法治与实质法治。实质法治当然是法治更理想的状态。但是，由于社会的复杂性、人们所处环境的不同和需求的多样性，使得实质法治的标准很难精确确定……同时，实质法治主义在维持法律的确定性和防止法官滥用权力方面具有天生的不足。因而，人类历史上还未曾出现过真正的实质法治时代。形式法治则不然，它可以通过创设一系列规则，使得人们的行为和国家权力的运作，在预设的轨道上运行，尤其是其中关于程序性的规定，使法律变得易于操作……因此，所有法治国家，没有不重视法律程序的。"[1]

因此，相对程序性标准而言，实体性的标准在操作上是难以把握的，我们已经知道，规划的内容之变动和修改是在公众参与之后完成的，公众往往要等到规划正式公布才能对照正式文稿与当初自己参与的文稿有何改变，[2] 而此时即使发现参与未产生实质

---

[1] 罗豪才主编：《现代行政法制的发展趋势》，法律出版社 2004 年版，第 100 页。

[2] 现行《城乡规划法》尽管规定了"在报送审批的材料中附具意见采纳情况及理由"，但这是向规划审批机关的意见说明和解释，并不是向参与的公众进行的意见说明和解释。所以从严格意义上来讲，我国尚未建立城乡规划领域内公众参与的意见回应机制。

性影响，也已经无济于事。因为规划已经公布并产生效力，没有时间和空间再去改变参与结果，只能期待下一次公众参与了。

同时由于事实上公众群体数量巨大，判断实体上内容的变化是否符合公众参与的意愿同样困难。因为，本身公众参与的个体利益主张可能就不尽相同，实体内容经参与后可能符合这些"公众"意见，不符合那些"公众"意见；实体内容可能符合公众"这部分"意见，不符合公众"那部分"意见。而且公众群体的范围和意见内容主张还存在不断的动态变化。因此，采用实体判断的途径去分析城乡规划领域公众参与的有效性不是不可以，但是相对而言难以把握。但是通过程序途径的规则判断可以间接地预测实体结果，这二者并不矛盾且具有关联性。

所以接下来我们主要采用程序判断的途径，从程序设计的角度去论证公众参与实现的可能性和实现的程度。

2. 程序性标准之内容

上文已述，程序性层面去判断公众参与城乡规划的效力主要表现为：从程序角度看，是否在既有制定法中具体设置了一系列规则（如规划行政主体对公众参与意见的回应程序），这些程序规则的运行或多或少将使公众参与产生效力。

这种判断同样应分为两个层面：其一是实然状况，即法律规定的程序规则内容；其二是应然状况，即什么样的程序规则能够使公众参与主体获得良好的参与效果。

第一种情况实然的考察在第五章"城乡规划领域公众参与之运行模式及状态"部分已经做了详细说明，对于《城乡规划法》及其他相关法规定的公众参与方式规则从规划运行的不同阶段分别进行了探究。也就是说，从世界范围加强公众参与的潮流以及我国具体的法律规定来看，公众参与城乡规划之有效性是存在的，至少比不参与要好。

但是，参与的有效性程度如何，以及应该怎样提高和完善，这是分析该问题的实质所在。另外，"仅仅遵守实然性规定的底线虽能保证政府行为的合法性，但不能确保规划决策得到及时实行，在这种情况下，对公众参与的做法与幅度有超越法规范要求的应然需要；对于法律规定不清楚，可能会带来争论的制度规定，有必要依据"扩充参与"的解释展开公众参与的活动，这种扩充在一定程度上也可能会超出法规范的要求。所以规划师要满足法律所规定的公众参与，还要主动的鼓励和策划参与。"① 判断公众参与城乡规划之有效性高低应当主要从应然情况进行考察。而这里的应然标准实际上就是从价值层面对参与之有效性的判断。换言之，在公众参与城乡规划之效力存续的前提下，符合这样的一系列标准，就可以认定是质量高的公众参与，是良性的公众参与。

（二）价值层面之标准

以下主要从应然角度对城乡规划领域公众参与的有效性标准做一分析：

1. 从参与阶段来看，城乡规划领域的每个参与阶段，规划启动阶段、规划编制阶段、规划实施阶段、规划修改阶段都应该设置相应的公众参与的具体规则。

2. 从参与内容来看，应当保障城乡规划体系的每个规划种类都能够成为公众参与的对象，不论是总体规划，抑或是详细性规划；不论是控制性详细规划，抑或是修建性详细规划。

3. 从参与主体来看，应当保障最广泛意义上的公众参与，不论与规划事项有无利害关系，不论是专家等特殊主体抑或是普通

---

① ［美］大卫·马门：《规划与公众参与》，载《国外城市规划》1995年第1期。

公众，都可以凭借恰当的方式进行参与。

4. 从参与方式来看，首先应当设置一系列规则保障公众参与权，其次更重要的是设置保障这些规则实施效果的另一部分规则。例如，首先规定了听证程序，其次规定了听证后公众意见的回应机制，以保证听证的最终有效性。

笔者认为，如果城乡规划领域公众参与程序设计能够符合上述四个标准，那么这样的参与程序体系是完备的、良性的，也同时会最大限度地保障在实体上实现公众参与的意见主张。

为了便于理解，将公众参与城乡规划有效性之考察标准的脉络以图示方式表示如下（见图 23）：

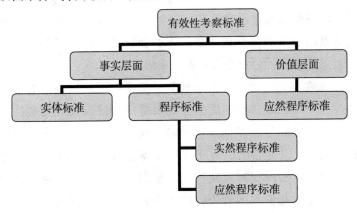

图 23：公众参与城乡规划有效性考察标准的脉络

三、实然与应然之差距

上述分析了公众参与城乡规划之有效性判断，首先应该提供一个评价标准，而且这种标准主要是程序规则之考察，主要是程序规则应然状态之考察。"在一个法治社会，行政程序制度被视为行政法治的核心。"① 那么，我们需要审查评析我国现有公众参与城乡规划的程序性规则与应然性标准之间的差距，在哪些方面尚待完善和提高，为下一部分公众参与有效性提升的路径分析内容提供基础性资料。

上一章第二节、第三节已经分别从制度规范层面和其他因素层面分析了我国城乡规划中公众参与存在的问题，以上述应然性标准作对比，两者之间的差距一目了然。

1. 从参与阶段而言：在规范层面对于一些重要的城乡规划运行阶段，尚未规定公众参与之程序。如规划编制阶段尽管规定了各层次规划的意见征询公众参与程序，但是编制阶段中最为重要的规划草案的形成过程是没有公众参与程序的。所谓"意见征询"针对的是已经形成完毕的规划草案，换言之，规划草案包括哪些内容、怎样表述，公众是没有参与权的。

2. 从参与内容而言：部分规划种类在特定阶段是没有规定公众参与程序的。如详细性规划在规划确定阶段以及规划实施阶段都未规定公众参与程序；总体规划在规划修改阶段公众参与程序同样缺失。尤其是前者，对于与公众基本权利、义务关系如此密切的控制性详细规划和修建性详细规划，竟然在两大规划运行阶段均未规定公众参与的规则，应该说是一个重大缺憾，也在实质上影响了我国城乡规划领域公众参与的整体评价。

3. 从参与主体而言：规范层面看，在特定的规划阶段，部分公众针对特定的规划种类公众参与权缺失。如普通公众在规划确定阶段没有公众参与权，此阶段的公众参与权是专属于专家的。普通公众和专家在规划修改阶段亦没有公众参与权，此阶段的公

---

① 罗豪才主编：《现代行政法制的发展趋势》，法律出版社 2004 年版，第 240 页。

众参与权是专属于详细性规划之利害关系人的。

从意识等主观方面看，即使在规定了详细、严格程序规则的规划阶段，公众往往由于时间经济成本过大、规划专业性知识的欠缺和参与效力的存疑等考虑也会放弃参与权。换言之，公众参与城乡规划的积极性并不高，除非是直接涉及自身权益的规划领域。

4. 从参与方式而言：规范层面看，尽管已经通过本体法和相关法规定了大量的公众参与城乡规划的程序规则，但是应该承认，这些规则基本都是停留在第一层次，即只是规定了公众参与的方式方法，至于如何实现、如何保障等更高层次的程序规则却没有设置。如《城乡规划法》第48条规定了对控制性详细规划的修改必要性征求利害关系人的意见，但是该意见是否采纳，采纳与否之理由等后续回应机制都没有规定。缺失第二层次的保障性程序规则，可能会使第一层次的基本程序规则丧失参与意义。

综上，无论从城乡规划领域公众参与的哪个方面来看，实然状况与应然状况都存在着相当的差距。那么，当务之急是提出解决方案，在现状无法根本改变的前提下，如何提升公众参与城乡规划之有效性，使这种差距尽量缩小。以下将重点论述增强公众参与效力的手段和途径，首先阐释一般性的基本手段，其次从特殊主体参与以及司法救济的角度说明对公众参与有效性的保障。

四、影响参与有效性之因素

公众参与对于行政活动的重要意义不言而喻，对于城乡规划这种整体性、专业性、未来导向性的行政活动更加具有必要性，"所有的自由裁量权都可能被滥用，这仍是个至理名言。"[①] 而在

---

① ［英］威廉·韦德：《行政法》，徐炳等译，中国大百科全书出版社1997年版，第70页。

公众参与城乡规划活动过程中，提升其参与的有效性则是重中之重。上文已经分析了考察公众参与城乡规划有效性之意义、考察标准以及根据标准得出的实然情况与应然情况之差距。那么，接下来需要探讨的是，造成这种差距的原因是什么？影响城乡规划领域公众参与有效性的因素都有哪些？只有明确了这些内容，接下来进行提高参与有效性的分析才能更加"对症下药"。

影响公众参与之有效性的因素主要包括以下几个方面：

（一）参与主体的代表性与广度

从纵向深度考量："参与决策的人应局限于那些需要参与其中的人。"[1] 公众参与的主体应是存在参与需求的人，无论这种需求是广义上的提升规划民主质量抑或是基于自身的利害关系。总之，公众参与代表应选择那些与决策议题利益相关的人或组织。只有保证参与主体的广泛代表性，公众参与公共决策才有行为动力和可持续性。[2]

从横向广度考量：参与主体要有一定的覆盖面，因为城乡规划是城市全局之整体性发展规划，尽管部分规划表面看暂时仅仅涉及利害关系人之利益，但从长期实质角度而言，关系每一个城市个体之利益取舍。因此在此将人民代表大会及其常委会之参与也归为公众参与的范畴，以下将专节讨论。

（二）参与内容的必要性和全面性

我们固然不主张"全方位、无缝隙"的公众参与模式，事实

---

① ［美］约翰·克莱顿·托马斯：《公共决策中的公民参与》，中国人民大学出版社 2010 年版，第 47 页。

② 董江爱、陈晓燕：《公众参与公共决策的制度化路径分析》，载《领导科学》2012 年 10 月（上）。

上也无法实现。但是在基本的行政权运作领域应该保证公众参与权之有效行使。在保证必要性之前提下尽量全面参与行政活动。完全强调公众参与之全面性可能反而会导致公众参与之效力的大幅降低，尤其是在我国城乡规划公众参与的现状下考虑更应如此。

（三）参与过程的顺畅性

如果说参与主体、参与内容都是静态的影响因素，那么影响参与效力实现的动态指标主要体现在参与过程的运行。程序上的互动性、参与回应机制的建立都将大大提升公众的参与心理感受，"有效性"从实质意义上看，也是存在于参与个体的心理感受之中的。可以通过设置规则保障参与过程的顺畅性，从而去实现这种实体上的参与感受，增强了参与的实际效力。

（四）参与权之救济程度

公众参与是一种事前或事中的介入、影响行政决策的民主方式，对于公众参与的事后救济从全面的眼光看会直接影响参与的效力。有没有相应的救济制度和规则，如果有，这些救济制度和规则能够在多大范围和程度上对公众参与权进行救济。这些都是与公众参与效力高低存在密切关联的内容。以下将以专节的形式对城乡规划领域之公众参与权的司法救济内容进行分析，此处不再赘述。

第二节　提高公众参与城乡规划有效性之一般途径

上文分析城乡规划领域公众参与的所有内容，都是为了解决困境，提出完善路径。这也是分析城乡规划之有效性的目的所在，也是公众参与城乡规划的根本实质内容。所有的"What"、"Why"

其实都是为了解决"How"的问题。因此，我们接下来将着力探讨城乡规划领域公众参与之有效性提高的途径或方式、方法。本节从制度规范层面，分析公众参与效力提高的一般性手段，仍然从参与主体、参与方式两个方面进行论述。已有制度从制度完善层面讨论；未建立的制度主要从制度创设角度探寻。下一节将从两个特殊角度钻研公众参与城乡规划的效力提高。

需要说明的是，我们探求公众参与城乡规划的有效性问题，主要从法律制度，尤其是行政法律制度的层面。其他的诸如转变执政理念、提升公众参与热情、公众专业参与素质提高等社会或心理层面的部分不进行列举。

一、参与主体

（一）理论考量

1. "均衡性"参与原则的确立

"谁有权参与"是公众参与城乡规划必须回答的问题。一般而言，"公众"、"专家"、"利害关系人"是城乡规划领域公众参与的主体构造。要提高公众参与的有效性，必须针对三方主体的合理定位进行参与主体的选择。"一般来讲，'均衡性'是选择参与者的基本要求……那么，何为'均衡'呢？公众参与的均衡性因公众参与承担的功能的不同而不同。基于利益权衡的公众参与，比如听证会、协商委员会，必须包括各方当事人和行政机关指定官员；需要科学训练和经验的公众参与，比如技术咨询委员会，其组成可限于有科学背景的人和行政机关指定官员。"①

---

① 马英娟：《行政决策中公众参与机制的设计》，载《中国法学会行政法学研究会 2008 年年会论文集》，第 454 页。

190

因此，参与主体应当实现一种"均衡对应"的模式，即（1）普遍意义规划参与下，参与各方能够参与并形成"三方均衡"；（2）特殊规划种类参与下，着重发挥特定主体的参与功能，如修建性详细规划中涉及建设平面图之修改，专家的参与尤为重要。实现偏重一方的倾斜从而实现总体上之"均衡"；（3）就每一方参与主体而言，要实现群体意义上之"均衡"，如专家的均衡性要求考虑专家队伍的不同的教育背景、专业、经历等；①（4）就每一个参与主体而言，其自身的权利、义务也必须相匹配，达到个体参与之"均衡"。

2. "专家"定位转变——从技术因素到价值因素

"现代的行政法越来越多不是由一般的立法者制定，而是由各部门的专家所制定。"② 专家之公众参与历来被视为技术型参与，尤其是在城乡规划这样一种高度专业性、技术性的行政领域，专家基本是从专业性角度论证的定位出发来进行公众参与。由专家进行技术层面的评判是具备合理性的，高度专业性的论证由专家完成，政治层面的价值判断由所谓"公益代言人"之行政机关进行，各司其职，发挥自身优势与特长。但是，这里面临的问题是：专家是否只能进行技术评判？专家单纯技术评判对公众参与产生正面还是负面的影响？

笔者认为，专家的技术性优势毫无疑问，但是如果仅仅将专家定位于技术服务则过于片面，在公众参与规划中专家应当凭借其技术优势有更大作为。技术能力不应是服务于行政机关证明规划正当性的目的，而应该以"存疑"的眼光审视规划，同时超越

---

① 参见宋华琳：《行政法视野下的技术标准》，浙江大学宪法学与行政法学专业 2005 年博士学位论文，第 95—99 页。

② 王名扬：《法国行政法》，中国政法大学出版社 1988 年版，第 36 页。

专业层面，对规划的公平性、正当性进行思考，使规划内容更加贴近民意。

其实，《规划中的辩护论和多元主义》中早已提出规划师作用的重新思考和定位。"职业规划师……认识到只有通过公众参与城市规划，使相关利益群体充分表述自己意见，通过对城市土地资源的分配和城市管理权力的监督才能实现城市规划对社会公正公平。在职业规划师和公众共同努力下，公众参与规划在美国应运而生。美国规划协会道德准则第 1 条提出"为公众利益服务"，第 2 条提出"规划中积极支持市民参与"。① 可以说，美国的规划公众参与是与职业规划师的大力提倡分不开的。

从另一层面说，由于规划师往往是规划初拟阶段的"操刀者"②，即使不是完全执笔规划草案，至少会在前期调研、资料搜集上进行大量工作。从这个意义上说，即使不从规划师的作用、价值等宏观角度考虑，单从最终规划方案的实际执行力来讲，规划师也应该体现"公益"考量的价值因素，因为顺应公众意愿的规划执行力最高、效果最佳。"实用主义解决许多哲学问题的方式就是根本不提供任何系统的解决方案。"③ 规划师一定不愿自己拟定的规划成为一纸空文。

因此，城乡规划行为已被证实超越其技术属性的政治属性，专家亦必须脱离单纯技术视野，对城乡规划草案进行价值判断，

---

① 梁鹤年：《公众参与：北美的经验与教训》，载《城市规划》1999 年第 5 期。

② 我国亦如此，一般而言，城乡规划都是先由具备资质的规划专业机构（如：规划设计院）进行前期调研和草案初拟，之后再由规划行政机关进行具体编制和后续工作。

③ ［英］马丁·洛克林：《公法与政治理论》，商务印书馆 2002 年版，第 176 页。

从而引导公众对规划作出正确判断和评价。

这里还存在另一个问题，专家的价值属性得以确认后，随着利益集团的参与和介入，专家是否会被"利益俘获"，而且因为其技术专家的能力与地位，一旦被利益集团所控制后果不堪设想。因此，专家之公众参与要避免两个问题：其一，仅在技术层面的低层次参与；其二，进行价值考量后，被利益集团或其他参与组织俘获的可能性。

预防这两点主要从两个角度考虑：首先，技术层面之专家参与是必不可少的，也可以通过学术判断理性认定其正确性，这个方面不用过多设置规则监控；但是后者价值因素的专家参与是需要一系列制衡机制的，而且这种制衡不容易实现，因为专家此时的负面效应被其技术领袖的表象所遮掩，很难识别并约束。

尽管如此，必要的规则仍然需要设置。笔者认为，大体的思路可以从以下几点出发考虑：其一，选择专家的审慎；其二，专家规划初拟中的理由说明需完善、充实；其三，对专家规划草案初拟中的活动给予"类行政"活动的地位。专家被视为"类公务员"的法律地位，以公务员的法律责任监督规范对其进行控制。通过这样的规则，从源头上对专家群体先进行分类取舍，其次规划内容须言之有据，理由解释充分符合"公益"，最后以公务员监督救济的规则约束之。做到这三点，可以认为基本上能够防范专家被俘获的风险。

3. 利益代表组织化

利益代表组织化是可以适用于普通一般意义上之公众参与的，它也是公众参与在主体参与上的发展趋势之一。"法律是通过第三方实施的行为规范，其功能首先是改变博弈的结果——改变当事人的选择空间。其次，通过法律不改变博弈本身而改变人们对行为的预期——法律的意义便是通过改变人们的信念或对他人的行为预期，从而改变博弈的结果。"① 组织良好的利益集团参与热情高，而且拥有强大的资源参与和影响规划活动，这些都可以提升公众参与的效力。"从国外公众参与的历史发展来看，一个独立于行政组织之外的、又受法律保护和支持的、由关心城市建设的公众组成的团体，不论是地方社区组织或全国性的非政府组织，它们的存在都是十分必要和重要的。"② 因此，需要通过利益组织代表其利益参加到参与活动中。

应当注意的是，利益代表机制有两个问题需要考量：（1）参与成本。"即使存在公益组织，也面临高昂的参与成本问题。行政机关需要调动这些群体参与的积极性，甚至在一定程度上提供人力和财力上的帮助，比如为消费者群体聘请律师、提供一定的经济补助等。"③（2）利益群体之间的对抗和协调。城乡规划中公众参与达到结果最终可能导向规划"在特定的利益主体之间达成特

---

① 张维迎：《经济学家看法律、文化与历史》，载《中外管理导报》2001 年第 3 期。转引自梁国启：《我国城市规划法律制度研究——立足于私权保护与公权制约的视角》，吉林大学 2008 年博士学位论文，第 52 页。

② 田莉：《国外城市规划管理中"公众参与"的经验与启示》，载《江西行政学院学报》2001 年第 1 期。

③ 对公益集团而言，有效参与的主要障碍是费用和律师报酬。1970 年代，美国一些监管机构曾经给那些没有财力在特定的程序中表达其观点的团体和个人提供直接的补助，但这种做法遭到政府反对，并且自 1980 年代早期彻底取消；另一种可替代的方案是根据《平等接近正义法》，提出律师费和成本的请求。参见［美］欧内斯特·盖尔霍恩、罗纳德·M. 利文：《行政法和行政程序概要》，黄列译，中国社会科学出版社 1996 年版，第 245 页。转引自马英娟：《行政决策中公众参与机制的设计》，载《中国法学会行政法学研究会 2008 年年会论文集》，第 455 页。

别妥协"。① "……并且在决策过程中应考虑利益群体的分化问题、强势利益群体和弱势利益群体的平衡问题。"②

另外，利害关系人之公众参与是否属于普遍意义上之公众参与尚有待商榷，但是由于其利益密切相关性，城乡规划领域对利害关系人之公众参与设立了明示性的规则，一般是限定于适用范围较小的规划种类，如修建性详细规划。对于这种实质影响自身权益的城乡规划，利害关系人参与的内在动力毋庸置疑。但是，利害关系人个体的参与能力较弱、利害关系人之间利益主张对抗、利害关系人缺乏行政敏感性等问题严重影响其参与效力。因此，利害关系人之利益组织化是当务之急。③ 之后才是循序渐进的整体运作。

当然，诚如密尔所言："一个适用于一切行为之反驳，对于任何特定的行为就不能成为圆满无缺的反驳。"④ 利益代表组织化一直被认为是解决公众参与主体弱化、参与无力的一剂良方，但是，事实真的如此么？利益代表组织化至少有三个纰漏无法解决：其一，如何判断利益的代表性。包括利益的一致性、利益转达的顺畅性两个方面；其二，如何判断组织化的利益未被组织或组织中的某个体利用；其三，多数决原则对少数者的侵害如何救济，是置之不顾亦或是基于补偿。这些都有待进一步探讨和思量。

尽管如此，相比较于未被组织化的利益个体，组织化、代表

---

① ［美］理查德·B. 斯图尔特：《美国行政法的重构》，沈岿译，商务印书馆 2002 年版，第 145 页。

② 中国基础设施产业政府监管体制改革课题组：《中国基础设施产业政府监管体制改革报告》，中国财政经济出版社 2002 年版，第 161—162 页。

③ 普通公众参与可能不会或暂时不会受到规划方案的影响，而利害关系人之公众参与是确定且即时会受到规划方案的影响。

④ ［英］约翰·密尔：《论自由》，程崇华译，商务印书馆 1996 年版，第 22 页。

化的利益一定是更具对抗性的，一定程度上可以适当改善公众参与中私权利一方的弱势地位。至于利益代表组织化的相关问题，是基于制度存在层面的完善问题，并不能由此否定制度本身。

（二）规则创新

1. 社区规划师的出现

北京市目前在积极试点社区规划师的参与模式,[①] 由北京市规划委员会发起，在区县政府、街道办事处的协调帮助下，由城市规划设计院的规划师直接与社区"一对一"挂钩，负责该社区公众参与规划之意见收集、规划知识讲解、规划方案的说明等工作。

社区规划师是致力于社区管理、更新和复新等事项的管理性规划师，也是服务于城市街道一级政府机构的规划师。现阶段我们的社区规划师主要的工作内容可以集中在，向社区居民提供相关规划专业内容方面的咨询服务、定期或不定期开展规划宣传和规划知识培训、为政府或规划机构进行城市研究和公共政策制定提供材料、组织居民对本社区的规划建设情况做发展评估等方面。同时社区规划师要为市民和政府之间的沟通担负起桥梁作用。[②]

目前社区规划师项目在朝阳区双井街道办事处辖区取得了较好的参与效果，在全市推广的效果有待进一步考察。笔者认为，可能出现的影响参与效力的层面是：（1）规划师的主观意愿和时间、经费保障等因素；（2）区县、街道办事处、社区的协调和动

---

① 北京市规划委员会网站，公众参与板块"公众如何更好的参与规划工作" http://www.bjghw.gov.cn/web/static/articles/catalog_330100/article_ff8080813a4539c1013a62e2efb00112/ff8080813a4539c1013a62e2efb00112.html，最后访问时间：2013 年 2 月 28 日。

② 郝娟：《提高公众参与能力 推进公众参与城市规划进程》，载《城市发展研究》2008 年第 1 期。

员机制；（3）"社区规划师"定位的准确性。与一般规划师之区别，同一规划师两种活动时之区别等；（4）规划师的工作方法。

2. 咨询委员会之建立

咨询委员会是指对政府问题进行审议并为政府机关或官员提供见解或结论的若干个人的合称。① 咨询委员会制度的典型代表是美国的规章制定协商委员会。② "英国政府机关中有很多咨询机构存在。"③ 咨询委员会有不同的种类。根据美国《联邦咨询委员会法》第3条第2款的规定，美国联邦咨询委员会分为两类：（1）由国会、总统或行政机关设立的提供建议或意见的正式咨询委员会；（2）不是由政府设立的，而是政府取得建议或意见的委员会或类似的团体，这类委员会是被政府利用提供意见的非正式的咨询委员会。④

我国目前还没有城乡规划领域公众参与咨询委员会的创设，在城乡规划领域之公众参与设置咨询委员会，无论是政府组建或民间组建，如果从理性、应然的角度来看：（1）可以加强专业化

---

① 参见美国《联邦咨询委员会法》第3条第2款的规定：咨询委员会一词是指任何委员会、理事会、会议、专家组、工作小组和其他类似团体，或任何其分委员会或其他分团体（以下简称委员会）（A）由法律或重组计划所设立的，或（B）由总统设立和利用的，或（C）为使总统或联邦政府的一个或多个行政机关或官员得到建议或推荐而由一个或多个行政机关设立或利用，但是该词排除适用于①有关政府间关系的咨询委员会；②有关政府采购的委员会；③任何其成员均为联邦政府的全职官员或雇员的委员会。日本法上称之为"审议会"。参见［日］盐野宏：《行政法》，杨建顺译，法律出版社1999年版，第228页。

② 参见王从峰、李海伦：《论政府信息公开过程中公众参与制度的构建》，载《陕西行政学院学报》2010年第8期，第49页。

③ 王名扬：《英国行政法》，中国政法大学出版社1987年版，第90页。

④ 参见王名扬：《美国行政法》（下），中国法制出版社1995年版，第1052页。

意见的传达，使参与更加实效有针对性；（2）咨询委员会的意见对规划行政主体具有一定的约束和监督，不采纳应当说明理由；（3）通常咨询委员会参与的时间段较普通公众更早，更利于即时发现问题，提高参与效率。

咨询委员会的实际作用毋庸置疑，但是可能出现的不足也应当充分估计：

（1）定位问题。与普通专家群体参与有何不同，如果只是简单地由一个或几个专家变为多个专家参与，那么其设置就没有必要性。

（2）咨询委员会内部的意见、利益协调机制。简单的少数服从多数规则不能完全适用，那么意见冲突时怎样确立判断标准。

（3）专业性偏见和科学性之上的极端考量"公众性缺失的技术路线不仅对公共政策的质量造成负面影响，导致政策失败，而且损害了公共政策的公共性和民主性。"①

（4）被规划行政主体利用从而丧失参与价值。"实践中，通过向委员会中'选派'那些从过去行为看一般会遵从行政官员政策偏好来处理科学、政策问题的科学家，或者通过隐匿不利于行政官员所支持结果的委员会资料，行政官员也有可能运用咨询委员会来支持自己预设的政策偏好，利用咨询委员会躲避对政策选择的批评。"②

---

① ［英］克里斯托弗·胡德：《国家的艺术：文化、修辞与公共管理》，彭勃、邵春霞译，上海人民出版社 2004 年版，第 221 页。

② 参见［美］西德尼·A. 夏皮罗：《咨询委员会的公共责任》，宋华琳译，载刘茂林主编：《公法评论》（第 2 卷），北京大学出版社 2004 年版，第 342—345 页。

二、参与方式

探究城乡规划领域公众参与有效性的提高，关键性的步骤在于参与途径和方式之改变。也就是说，重点在于参与程序的人性化、理性化、实用化，而不是仅仅停留在最低层次的合法化。当然，在制度规范层面也仍然有完善之急迫性，但更为关键的是通过制度的完善增加其适用力，使公众通过参与规则的程序正义达到"实体正义"。

（一）规划运行中信息公开的完善

政府信息公开制度是参与式行政的必要前提和基础，如果参与方对于必要的参与信息不了解或不全面了解，那么就没有平等对话的平台，没有评判和分析的能力，其结果就是所谓"参与式行政"沦为政府的一种宣示、一种口号。长此以往，将极大地损害公众的参与热情，摧毁参与式行政的社会基础。

美国是目前世界公认的信息公开立法和实践运行较好的国家，考察美国信息公开制度，以《信息自由法》、《阳光下的政府法》、《联邦咨询委员会法》、《隐私权法》等为体系建立起来的现代信息公开制度，虽然是以制定法为基础，但不可否认的是，这与其长期的新闻出版自由、言论和表达自由、对公民知情权的充分尊重等自由理念的浸润和影响密不可分。可以说，信息公开的概念既是对民主宪政理念的延伸和发展，同时也依托民主宪政理念而存在。影响一个国家信息公开范围和强度的主要因素有四个方面：民主理念；配套制度；经济成本；技术发展。其中前两个要素是信息公开制度发展的基石，如果没有良好民主法治理念的奠基，没有完善的程序性制度（包括完善、"无缝隙"① 的司法审查制度）配套，那么信息公开即使建立也只是规则的设立，其执行实施必然遭受阻碍，无法实现制度意义上的信息公开。同时，信息公开也受到经济成本和技术发展两个其他因素的影响，如互联网技术的发展导致公众舆论的不记名压力，从另一个侧面推动了信息公开制度的发展。

信息公开与公众参与可以说是相辅相成的两个事物，在良好组织化的社会，充分的信息公开与信息自由和完善的公众参与是一个不可分割的有机整体。"一个组织化社会是公众参与和信息公开制度有效运转的基础。没有以组织化利益为基础的公民社会，行政权的扩张带来的只是统治关系的强化和个体自由的丧失。而有效地信息公开和公众参与，又是公民社会不断成长、发育的必要途径……政府信息公开制度和公众参与制度，可以实现政府和社会间良性的信息互动，形成双向的信息流。"② 一方面，通过政府信息公开向外进行信息输出，可以说信息输出的质量，一定意义上决定着公众参与的实施效果；另一方面，公众参与中社会公众向政府输入信息，公众参与本质上也可以看成利益相关者向公众和政府输入信息的过程。相较而言，后者的运行受制于前者信息开放的程度。这样看来，不但信息公开制度与公众参与制度共同成为公民社会发展的动力和基石，而且两者之间还存在不可割舍的内在联系。信息公开对于公众参与中公民的行动能力、组织能力、学习能力、教育能力都有功能性的作用。

---

① 笔者将司法审查的全面性称为"无缝隙"的司法审查，尤其在信息公开领域，如果没有配套的诉讼制度对政府公开信息进行威慑性制度约束，那么信息公开只能是政府的一种"恩赐"而非义务。

② 王锡锌，《公众参与和行政过程——一个理念和制度分析的框架》，中国民主法制出版社 2007 年版，第 118 页。

《现代汉语词典》对"公开"的解释是"不加隐蔽，面对大家或使秘密的成为公开的"。① 信息公开是一项基本且重要的行政活动原则。"没有公开则无所谓正义。"

在行政法领域，"信息公开"一词，可能有两种理解：行政信息对上即官僚体制的最顶端的公开和行政信息对下即社会和公民的公开。行政公开的这两种意思虽然范围指向不同，但是包含了整体公开的概念，即既指在行政系统内的信息的公开，这部分严格地说是行政系统内部的信息传达机制问题，也指行政信息超越行政系统对整个社会和所有公民开放。而在参与式行政范畴内，我们应该更加关注第二个层面的"信息公开"的含义。这是因为："官僚组织，或利用官僚组织的支配者，又可能以处理政治事务所积累的经验和知识，来增强其权力。他们透过其职位的运作可了解许多事件的真相，并且得以接近许多只对他们开放的资料。政府机密的概念虽非官僚组织所特有，却是它运作的典型作风。"②

综上，在公众参与活动中奉行公开基本原则，早已经形成共识。"参与信息不透明，其结果要么使参与者在面对制度和行为的变迁时无能为力，从而使参与的有效性受到影响；要么使参与者可能采取一些非制度化的行动，如抵制、抗拒、不合作等，甚至对制度和参与过程失去信心。"③ 政府信息公开是公众参与的基础，公众参与反过来也推动着政府信息公开向广度和深度发展。④

《城乡规划法》已经明示的规定了基本的规划信息之公开（如

---

① 中国社科院语言所编：《现代汉语词典》（第3版），商务印书馆1996年版，第435页。

② ［美］哈罗德·J. 伯尔曼：《法律与宗教》，梁治平译，三联书店1991年版，第48页。

③ ［美］罗伯特·默顿：《社会研究与社会政策》，林聚任译，上海三联出版社2001年版，第86页。

④ 王周户：《公众参与的理论与实践》，法律出版社2011年版，第196页。

"公告"制度，且规定期限不少于 30 日）。但是由于规划是专业性、未来性的行政活动，在编制和实施中行政主体和专家的功能比较突出，普通公众则基本处于征询意见的地位。因此，信息的公开显得尤为重要。

从城乡规划领域视角看，信息公开要完善以下几个层面：

1. 信息公开要具备一定的广度

规划信息是公众参与之基础，不能只对某一阶段或某种规划进行公开，而应该除了涉及国家保密等不适宜于公开的内容外，实现全方位覆盖。尤其是规划草案的形成过程之信息公开。公众参与不一定覆盖规划的所有方面，但信息公开是可以做到的。

通过 2008 年 5 月 1 日实施的《政府信息公开条例》第 14 条、第 21 条、第 23 条的规定，我们可以看出，在政府公开范围和事项的确定上，行政相对人只有事后的被告知决定及其理由权，没有事先的决定作出参与权。另外，政府信息以公开为原则，以不公开为例外，其"例外"的事项标准必须明确，对于政府公开信息范围的立法界定方式上，一般都是采取"概括加例外列举"的方式，[1] 而不应该采用现在的"概括 + 公开列举 + 兜底条款 + 例外列举"的方式。[2]

---

① 山文岑：《试论我国〈政府信息公开条例〉的缺陷及其完善》，载《图书与情报》2010 年第 1 期，第 72 页。

② 我国《政府信息公开条例》此种方式具体表现在：第 2 条对政府信息进行了概括性的界定；第 9 条至第 12 条对行政机关主动公开的政府信息范围进行列举；第 13 条规定除本条例第 9 条至第 12 条规定的行政机关主动公开的政府信息外，公民、法人或者其他组织还可以根据自身生产、生活、科研等特殊需要，向政府部门主动申请获取相关政府信息；第 14 条第 4 款又规定，行政机关不得公开涉及国家秘密、商业秘密、个人隐私的政府信息。

2. 信息公开的程度加强

规划信息公开的内容以满足公众参与的目的和必要性为标准，"公开原则是制止自由裁量权专横行使最有效的武器。"[①] 总体来说，除非有法律规定的特殊情形，应当无保留公开。实践中以规划专业性为由阻止公开，认为公开没有意义的做法是重大错误，公开与否是前提问题，公众能否理解是实施完善的问题。

3. 信息公开的方式转为主动公开

规划信息公开很大程度上还表现为信息的依申请公开，如规划调整的内容。这在实践中明显不能满足公众参与的需求。城乡规划之信息公开主要应当表现为主动公开，而且对于规划行政主体而言，这是权利亦是义务。如同行政机关在行政诉讼中"先取证，后裁决"一样，规划也应该基于一定的原理、主张而制定，这些原理、主张应当公开公布，且这些信息是在制定规划时就存在的，提供并不增加额外的成本。

4. 其他相关内容的一并公开

规划领域之信息公开绝不仅限于规划方案之公开，与规划方案编制、确定、修改相关的信息也属于公开的范畴。如规划意见征询听证会信息之公开、听证代表的选择、主张、听证意见的取舍等都属于公开的范畴。

5. 尽快完善政府信息公开领域的司法救济制度

尽管《政府信息公开条例》规定了行政相对人可以采用行政诉讼、行政复议等救济制度。但是从目前实践状况看，实施的并不理想，由于没有明确的司法可操作性，因此《政府信息公开条例》颁布以来还没有出现有典型意义、有代表意义的司法案例去

---

① 王名扬：《美国行政法》（上），中国法制出版社 1995 年版，第 109 页。

推动信息公开救济制度的运行。"有权利出现的地方必然要有救济，如果没有相应的司法救济作为最终保障，行政机关肆意限制或剥夺行政相对人依法获取政府信息权利的行为就得不到纠正和遏制，公民也不能真正享有知情权。"[1] "司法救济应该是推动政治文明，为政府信息公开保驾护航，它的主旨与原则应该是推动信息公开，而不是保护信息不公开。"[2] 而我们目前制度形式上肯定当事人司法救济权，实践中又不支持救济权的取得，实际上比不规定司法救济权更加伤害公众参与心理。

另外，规划信息之公开应尽早进行，目前是在规划草案编制完成之后公开规划信息，应当提前到规划启动阶段，规划制定的原因以及相关基础性资料尽早公开，使公众有充分时间了解、分析，从而提升参与质量和效力。

（二）提升听证会的运行效力

听证制度是现代行政程序法的核心制度。可以说，现代行政程序法就是从听证制度发展起来的。听证是相对人参与行政程序的重要形式。通过了解行政机关作出决定的具体事实和法律理由，向行政机关陈述意见，并将之体现在行政最终决定中。由此，相对人能动地参与了行政程序，进而参与了影响自身实际权利义务的行政决定的做出过程，体现了现代行政的民主和公正。"这使得那些利益可能因政府行为受影响的人，有机会充分参与针对他们的决定做出的过程，有助于决定建立在更为全面充分的讨论基础上，

---

① 万高隆：《我国政府信息公开的价值、困境与出路》，载《天津政法管理干部学院学报》2008 年第 1 期。

② 周虎城：《信息公开的范围不能"缩水"》，载《新京报》2009 年 11 月 14 日。

也反映了法律程序对个人尊严的承认和尊重。"① 这样看来，听证制度本身就与公众参与的行使不谋而合，或者可以说，听证制度就是参与式行政的一部分。

听证制度起源于英国普通法上的"自然公正原则"，任何人在作出影响他人权利义务的决定时，必须听取他人的意见。自然公正原则最初应用于司法程序，要求法官在作出判决前，必须就事实问题和法律问题通过公开审判听取当事人和证人的意见，之后由法官成功通过判例的方式（里奇诉鲍德温案）② 将这一原则贯彻到合法权利或地位受到行政权侵害的所有案件中，成为约束行政机关行政活动的基本程序规则。③ 最早的听证制定法规则可以追溯到 1215 年的《自由大宪章》，其第 39 条规定："自由民非依据国法予以审判者，不得逮捕或禁锢，也不得剥夺其财产，放逐外国，或加以任何危害"。美国宪法在制定时，也深受英国自然公正理念的影响，分别在联邦宪法修正案第 5 条和第 14 条对正当法律程序进行了规定。④ 其第 5 条针对联邦机关，第 14 条针对州机关。正当法律程序的概念本质上就是政府须公正恰当地行使权力，对行政相对人作出不利决定时，必须听取该当事人的观点。在欧洲大陆法系国家，长期以来由于"重实体、轻程序"的理念占统治地位，认为通过完善事后的行政救济程序就足以保证公民的权利，

---

① 王锡锌：《行政过程中相对人程序权利研究》，载《中国法学》2001年第 4 期，第 82 页。

② 何海波：《英国行政法上的听证》，载《中国法学》2006 年第 4 期，第 140 页。

③ ［英］韦德：《行政法》，徐炳译，中国大百科全书出版社 1997 年版，第 131 页。

④ 《美国宪法修正案》第 5 条："未经正当法律程序不得剥夺任何人的生命、自由、财产。"第 14 条："任何州不得未经正当法律程序而剥夺任何人的生命、自由、财产。"

公民不应过早地介入行政程序，只关心事后程序规范，而忽视事前、事中程序规范。并秉持"程序工具主义理念"，未将程序与实体放在同等地位看待。但二战后，这种观点已经得到充分的反思。

纵观世界各国，现阶段无一例外地将听证程序作为加强民众监督、规范行政的一项重要制度，但各国对于听证的理解有所差异：如美国将听证分为"正式听证"和"非正式听证"两种，具体听证形式有听证会、会谈等二十几种。① 《韩国行政程序法》第2条5—7项分别规定了"听证"、"公听会"、"提出意见"三种形式，分别适用于不同情况。② 因此，广义的听证概念是指只要听取当事人的意见就是听证活动，并不限于正式的审判式听证；而狭义的听证就指正式的以听证会形式听取当事人意见的程序。

综上，听证会是行政领域的基本运行方式，"作为程序法的核心，听证对行政民主、法治保障人权的作用越来越突出，听证也越来越受到人们的关注，并得到广泛的运用。"③ 在城乡规划领域的公众参与模式中，不止一次规定了听证会等严格程序方式，这无疑是纵向发展中的进步，但是如果横向比较，或者仅仅从听证实施的效果考察，答案仍是不尽如人意。

有关听证的具体运作程序和方式，本文在此不再赘述。以下仅就如何提升公众参与城乡规划听证的运行效力进行分析：

1. 制衡规划行政主体在听证会中的作用

德国公法学家 Larl – Heinz Ladeur 指出："在 19 世纪自由主义法治国家传统的见解中，在范式上行政被认为是与私利相分离的，

---

① 王名扬：《美国行政法》，中国法制出版社 1995 年版，第 450 页。

② 王万华著：《行政程序法研究》，中国法制出版社 2000 年 11 月版，第 197 页。

③ 应松年主编：《行政程序法立法研究》，中国法制出版社 2001 年版，第 514 页。

自律的，为实现公共目的而行动的（公共行政），但是在这种范式并不能理所当然的适用于现代的规划行政领域，规划行政针对社会的功能性要求，已经不具有'中立性'而成为与其他当事人相并列的'当事人'。"①

与其他行政领域相比，城乡规划行政领域的行政主体表现出一定的特殊性：（1）是规划方案的制定主体，并控制规划的实施与修改；（2）规划是对社会产生长期、普适效力的行政行为；（3）同属行政系统内的其他行政机关行使国有土地使用权的管理职能，而城市规划很大程度上是对土地用途的再划分；（4）土地具有巨大经济价值的属性，是地方税收的主要来源。

因此，对于城乡规划领域的听证程序，我们非常有理由怀疑规划行政主体是否能处于"中立地位"，事实上，它已经成为或至少是"类当事人"的地位。因此，公众意见在貌似中立（事实上非中立）的行政主体主持的听证活动中如何充分表达是必须关注的问题。"原因很简单，公正必须来源于信任。"② 笔者认为，有必要在听证程序中引入制衡机制进行权力分化，这也体现出"均衡性"的参与原则。有学者提出在城乡规划领域听证活动中引入独立的仲裁机构的理念，③ 尽管不成熟，但至少提醒我们规划听证中主体之特殊性。

---

① 参见［日］佐藤岩夫：《德国城市的"法化"和居民的自律——现代法化现象的一个断面》，载《社会科学研究》（第45卷）1994年第4期。转引自朱芒：《论我国目前公众参与的制度空间——以城乡规划听证会为对象的粗略分析》，载《中国法学》2004年第3期，第54页。

② ［英］丹宁勋爵：《法律的训诫》，刘庸安等译，法律出版社2000年版，第86页。

③ 孙施文、朱婷文：《推进公众参与城市规划的制度建设》，载《现代城市研究》2010年第5期。

2. 提高听证代表利益组织化程度

上文已述，利益代表组织化是提高公众参与效力的良性途径，如果说普通意义上之公众参与利益代表模式在现阶段操作可行性不强，那么在听证环节实施利益代表组织化则是比较便利的。

"以行政过程论的观点审视之，造成价格听证制度梗阻的首要原因就在于听证代表的遴选上，因而摆脱价格听证制度困境的首要之道也在于此。"[①] 针对目前听证代表的选择分配方式，有学者提出"去政府化"的思路，"打破政府对代表遴选的垄断格局，建立一种由各利益集团、中介组织与政府双向互动、共同协商的机制……就政府而言，其职责应当回到'定规则、当裁判'上来；就各利益集团而言，其职责就是严格按照事先公布的听证代表遴选规则具体组织实施遴选事务，并及时将自行产生的能够代表本集团利益的合适人选报政府部门进行资格审查。通过这种各司其职的遴选机制的实际运作……主管部门的超脱性、中立性将更加凸显。"[②]

从具体操作来看，"就行政决策听证会这种参与形式而言，对于参加听证会的公众代表选择的程序和方法、听证主持人产生的程序和方法、听证会进行的程序、听证会举证和辩论的方式、听证记录和记录要点的整理方式、记录和记录要点的效力等问题，都必须在法律上予以明确。"[③] 笔者认为，这虽然不失为一种途径，但是更多的是在应然状态下的考虑，这种模式首先要对公民结社

---

① 章志远：《价格听证困境的解决之道》，载《法商研究》2005 年第 2 期。

② 章志远：《价格听证困境的解决之道》，载《法商研究》2005 年第 2 期。

③ 姜明安：《公众参与与行政法治》，载《中国法学》2004 年第 2 期，第 33 页。

权充分尊重，建设有序的自治组织成长环境，保持政府的绝对无利益化，而所有这些都是短期内无法一蹴而就的。

因此，我们更倾向于采用利益代表库的方式进行遴选，即在社会各行业选择一定利益代表，进入利益代表库，每阶段更换 1/3，既保持其代表性又保持其公正性，在相关领域出现立法听证时，入库随机选取。当然，这也是在利益组织化程度不高的中国现状下的无奈考虑。完善听证代表的遴选机制的根本途径还是提高利益组织化程度，如果每个行业都有公信力极高的代言组织（如行业协会），那么社会公众的参与权可以有序、有效、低成本地实现。

综上，建立听证代表库是值得思考的方法之一，在目前高度组织化的行业协会尚未发展成熟，尚不能担当起公众参与的重任时，只能退而求其次，在听证过程中加强对于听证代表的遴选机制，日常设置听证代表库。将热心公众参与、有一定认知基础、有一定区域代表性的人士组成听证代表，在规划听证实施时进行参与。代表遴选时要重点考察以下方面：（1）其是否受规划行为之影响；（2）其是否介入了规划行为过程；（3）其是否是可能从规划行为中直接受益的个体；（4）其是否具有参加规划听证的能力和经验。

当然，需要说明的是：（1）听证代表库的建立尚需许多配套内容，这里只是初步设想；（2）听证代表库不太适宜于详细性规划等规划种类，尤其是修建性详细规划。

3. 多层次"大听证"方式之建立

目前《城乡规划法》明示规定的听证等严格程序的法条表述均为："并采取论证会、听证会或者其他方式征求专家和公众的意见"。这样表述除了将论证会顺序放在听证会之前有待商榷之外，似乎还表明了立法者的另一种思路，即这三种方式"择其一"运用，选择了听证会是否还可运行论证会，选择了论证会、听证会是否还可运行"其他方式"。立法没有明确回答，但从实践中的做法看，基本是选择一种运行。

笔者认为，这三种方式可以同时运行，听证会、论证会、其他方式之间并没有相互排斥的关系，从全面准确搜集民意的角度看，都属于"大听证"的范畴。有人可能对这样的主张存在如下疑问：行政效率如何保障？规划不能久拖不决，城市发展不能等待。笔者认为，"大听证"模式不但不会降低行政效率，反而在提升参与效力的前提下附带提高行政效率。因为更广泛地征求意见有利于规划内容的民主性；更全面地听取看法有利于规划建议的集中；更多主体的意见表达有利于规划方案的执行。试想一下，规划方案由于意见征询不充分而仓促出台，在执行中遭遇公众巨大阻力，行政效率在制定当时的确是比较高，但整体来看是丧失的。

总之，听证只是代表了一种参与机会，能否切实有效地实现参与的效力仍需要具体内容的填充。

（三）建立规划意见回应机制

公众参与城乡规划的有效性固然存在一些客观性标准，但实际上在每个参与主体内心对本次公众参与的有效性都会产生自我评判。其中当然有意见表达程序是否顺利运行、建议主张是否真实表达等因素影响，但更为关键的是意见的采纳情况以及理由的回馈。也就是说，参与渠道的通畅性是否具备，从下至上、从上至下两方面是否都顺畅？公众向规划行政主体表达了意见后，该意见的最终处理结果应当反馈公众。

同时公众对城市规划草案提出的建议多是基于自身利益而作出的"防御性保护"，政府对该防御保护行为若是没有回应，即使最终的方案采纳了建议，公众也不会感受到参与的有效性。

规划意见回应机制的建立需注意以下几个问题：

1. 回应的内容尽可能全面

意见回应主要是表达对公众意见的最终评价结果，反馈时需要对所有意见进行回应，不能只限于采纳的意见，未采纳的意见相较而言更具有回应的必要性；另外，回应不能只是简单地说明是否采纳，必须说明理由，理由是否充分是公众判断参与效力的关键，即使意见未被采纳，但理由可以接受，公众仍将认为参与有效。反之，即使意见被采纳，但没有说明理由，参与的效力将大打折扣。

2. 回应的主体不限于提出主体

意见回应的主体不限于提出意见、建议的主体。公众参与是大众化的、全面的，意见的多样性非常丰富。未提出意见的主体可能也是意见的受益者，即使与该意见无关联性，因为其参与了规划活动，对规划活动中的公众意见也享有知情权，也就是说，规划公众参与的意见应当向所有公众参与主体回应并公开。

3. 回应的具体程序明确清晰

回应机制的建立必须设置相应的程序规则来保证。"具体的信息反馈要求政府必须对每一个建议的处理情况进行说明理由：采纳建议的情况要说明原因，未接受的建议更要说明原因，并将这些意见附随说明理由一并归档，以备日后公众的查阅。"[①] 包括回应的期限、回应的主体、回应的内容及理由以及不回应的法律后果。

---

① 胡童：《论利益保障视域下城市规划中的公众参与——基于德国双层可持续参与制度的启示》，载《研究生法学》2012 年第 2 期。

（四）建立规划领域协商合意机制

相比较规划公众参与中的听证制度与信息公开制度，协商合意制度应该是制度成熟较晚，公众不太熟悉的领域。似乎协商、合意只是公众参与行政活动的一种方式、手段和途径，许多具体程序行为都体现了协商的功能。如听证本身就是利益协商的过程；信息公开也在一定程度上具有协商合意的功能。对于协商、合意的方式，似乎上升不到制度的层面，即使要创设制度，似乎也是将各种具体规则进行整合拼凑，无法形成行政自身具有独特研究价值的制度。

1. 协商合意制度与规划行政决定

与行政立法和行政决策不同，行政决定是行政机关针对特定的人或事项，使用规则而作出具体行政处理的行为。美国行政法对于"规则"和"裁决"的划分存在两种标准，即时间标准和适用范围标准。我国行政法学界引申使用"抽象行政行为"和"具体行政行为"的概念，[①] 但主要是从行政诉讼审查范围的角度进行考察。

行政决定是否对相对人的利益产生影响，从而使相对人获得想参与的动力？这个问题是不言自明的，《最高人民法院关于〈行政诉讼法〉若干问题的解释》也将"对公民、法人、其他组织权利义务产生实质影响"作为受案范围标准。那么，引申的问题是，行政决定是否会对除决定直接指向的相对人之外的其他主体产生影响力，从而使他们也获得参与的动力？回答这个问题，我们可以参考波士顿大学 Colin S. Diver 教授的观点，其从规则制定的方

---

① 关于具体行政行为与抽象行政行为的划分与区别，不是本文讨论的重点，在此不赘述。

式中抽象出两个模型：渐进主义模型和全面理性模型。指出前者通过个案化的、零碎的行政决定发展规则；后者则是将零碎的行政决定的共性进行总结提炼，形成规则。[①] 按照这种思路，单个具体行政决定的集合体可能是下一个抽象性规则的雏形，换言之，行政抽象性规则是由一个个的具体行政决定演化而来的。这一点在以判例法为基本模式的英美法系体现得更为明显。

这样看来，如果规划行政决定不仅仅只是影响特定个体的利益，甚至在将来有可能对多种主体利益产生普遍性影响，那么去探讨规划行政决定中的公众参与问题是有极其重大积极意义的。退一步讲，即使通过规划行政决定影响其他主体利益只是一种可能性，那么研究公众参与也是有意义的，因为单就规划行政决定自身而言，其实也不光对特定的行政相对人产生影响，它可能表明了行政机关在多种竞争性利益之间作出某种偏向性的选择。如行政机关批准某个发电厂的建设规划是一个规划行政决定，表面上只涉及特定的当事人，但实际上可以被理解为行政机关将提供足够电力的利益放在优先考虑的地位，从而抑制了环境保护的利益。[②] 因此，具体规划行政决定根据其外延的不同界限范围可以产生不同的影响力。再退一步讲，即使这样的考虑也只是片面地将潜在利益引入行政决定。那么，单就行政决定这种"一对一"的模式（行政主体—行政相对人），也是会产生协商与合意的参与动力的。而且上文已述，运用协商合意性的替代纠纷解决方式更加契合公众参与行政程序的民主化价值取向。因此，我们如果就这一个较窄范围的问题进行研究，从而能进一步推广到更大的范围，

---

① Colin S. Diver：《Policymaking Paradigm in Administrative Law》，95 Harvard L. Rev. p. 393.

② 王锡锌，《公众参与和行政过程——一个理念和制度分析的框架》，中国民主法制出版社 2007 年版，第 262 页。

也不失为一条好的研究路径。

2. 规划协商合意制度的理论基础

在规划公众参与中运用协商合意制度的理论基础是什么？如果不能回答这个问题，那么运用协商合意制度就不存在可能性，更谈不上建立此制度并完善之的问题。

协商合意行政面临的最大理论困境在于与大陆法系"传统公权力不可自由处分性"之间的冲突，一般认为，行政机关作为公共利益的代言人，是没有与私权利妥协和让步的空间的，否则就意味着对行政职责的不履行或放弃。笔者认为，协商合意行政是可以实现的。这是因为：

（1）从国家公权力与公民私权利之间的关系来看，行政权的本源是私权。国家公权力与公民私权利的关系是贯穿行政法律制度的主线，它们之间产生的微妙变化很可能引起行政法相关制度的重大变动，而究其本源，国家公权力本质上是来自于公民私权利的让渡。人民为求社会的秩序理性和内心的安定将私人意志结合起来产生所谓"公意"，将一部分自身私权利交付国家产生所谓"公共权力"。公共权力必须体现公意，为公共利益服务。一切国家权力都直接或间接地来源于公民权利，权力是权利的一种特殊转化形式，二者在本源上是相同的。近现代国家的民主政治正是按照这种理念进行实际运作的。

公权力与私权利同出一辙，国家公权力由公民私权利发展而来。那么，作为公权力性质的行政权是否具有处分性，掌握行政权的行政主体是否可以基于某种目的处置行政权？笔者认为是可以的，这是因为：①从权力的本质来看，权力必须得到行使才能体现权力的本来意义，权力若不行使，则只能是静态的拥有物而不能动态的发生作用，而"行使"本身就意味着一种"处分或处置"，只不过必须是在某种范围内进行处置罢了，这一点公、私权利是一致的；②由于"公权力的本源是私权利"①，而"意思自治"是私权利行使的基本特征，那么公权力本身也可能具有一定意思自治的特征，只是由于权利（力）由私到公的转变，性质发生了一定程度的变化，因此公权力的"意思自治"必须限定在维护公共利益之内。也就是说，虽然公权力并不等同于私权利，但是公权力与私权利也并不是"势不两立"的，二者的本原是相同的，只要制度的运作符合私法基础，且不违背公法性质，那么涉及私权利的相关制度就是可以适用于公权力的。换言之，我们既要看到公权力与私权利矛盾的一面，也要看到二者共性的一面，而这共性同一的一面，正是合意行政制度可以借鉴比照的。事实上，公法领域的许多制度都是由私法制度演变而来或借鉴私法制度产生的，并且公私法制度在各自发展过程中也产生了一定的融合，如果行政缺乏必要的灵活性和自由度，实际上对于维护公共利益的授权目标反而是不利的。因此，私主体为了自身利益处分私权，公主体为了维护公共利益的根本目的同样可以处分私权，二者具有可类比性。

（2）行政自由裁量权的运用表明行政权在一定范围和幅度内是可以处分的。自由裁量权的正当行使，需要符合三个条件：在一定的法定幅度之内行使；行使不得违背行政公益目的；出于公正的动机，结果公平合理。只需合乎上述标准，行政机关可以自行决定选择适用行为方式、种类，换言之，它可以在一定范围内凭借自己的意志力进行判断和选择。笔者认为，行政自由裁量权的运用意味着行政机关有自由处分权力的可能性。这是因为：

---

① ［法］卢梭：《社会契约论》，何兆武译，商务印书馆1982年版，第37页。

①自由裁量"主要服务于个案正当性"①，如果同一行政机关对同一违法事实作出了不同的处理；或不同地区行政机关，从本地区实际情况出发，作出了不同的行政决定，如 A 地区作出警告处理，B 地区作出罚款处理，可能效果是千差万别的。这不能不承认是一种事实上对行政公权力的不同处分。因此自由裁量权的广泛行使，实际上客观赋予了行政机关一定程度内的处分权，虽然该处分权要受到多角度的限制，但结果仍表现为行为的不同处理。②行政权"不可自由处分"作为传统行政权属性提出，是出于限制行政权的角度考虑的，是规范行政活动的总原则。而自由裁量权是由于行政扩张化导致"便宜行政"的趋势下产生的，是在操作层面的一种具体行政适用方法。两者发展的背景基础并不一致，位阶有差别，因此不能放在同一层次进行考虑。③强调"行政权不可自由处分"的根本目的，是保护公共利益不受行政权力非法侵犯。它作为行政运作的原则，自然也对自由裁量权的行使产生一定限制，但它所限制的只是自由裁量权违法运行使公益受损的情况。如果自由裁量权正当运行谋求公益之最大化，那么这正是前者所期望和要求的。换言之，即使自由处分了行政权，但是符合维护公共利益的行政目的，就是允许的。所谓"自由"的衡量标准应是以增加公益和提高人民福祉为尺度，这就不能一味地以"不可自由处分"的字面含义来限制权力行使，而应循其本义，采用各种有效手段达成目的。④在自由裁量权的运用过程中，对于同一事实要件，行政机关可以在法律后果 A、B、C，甚至更多之间进行选择，这是否表明行政机关拥有一定的处分权呢？虽然必须根据案件的事实情节、损害后果，并结合行政惯例等因素综合考虑

---

① ［德］哈特穆特·毛雷尔：《行政法学总论》，高家伟译，法律出版社 2000 年版，第 127 页。

作出行为，但是这毕竟是行政机关凭借自身意志力所进行的衡量和适用。行政自由裁量权的存在表明行政机关在行政管理活动中是具有独立意识的行政法主体，并且可以将其独立意识渗透于行政行为之中，由于具有意识自由性，因此它可以在裁量范围内通过选择进行"自由处分。"①

通过上文的分析，我们可以清晰地认识到协商合意制度并不与传统公权力的职权职责合一性相违背。其实，即使在典型的大陆法系国家——德国，其协商合意行政制度也早已在实践中运用。如德国柏林地方行政法院庭长欧特洛夫博士曾言，该庭每年结案约400件，其中以非裁判方式终结诉讼之比例高达97%。② 这也就意味着，在诉讼过程中行政相对人与行政主体之间经过协商达成了合意，从而能顺利终结诉讼程序。

笔者认为，规划领域协商合意制度的重要性与必要性已经不言而喻，我们所需要做的就是尽快制定有关规划领域协商合意制度的具体规则，或至少提供协商合意制度的构建思路。当然，特别需要指出的是，制度的构建也不能够"非此即彼"，近年来，在学界对于协商合意式行政模式基本肯定的前提下，存在过度强调调解、和解等协商合意方式解决行政纠纷的趋势，而在具体制度没有架构之前，这种过度强调合意的态度也并不可取，极易导致此"协商合意"违背当事人意志，从而阻碍真正意义上协商和解制度的建立。

3. 规划领域协商合意制度的制度构想

笔者认为，总体上而言，我国行政协商合意制度的构建需要

① 裴娜：《试论执行和解制度在行政强制执行中的确立》，载《行政法学研究》2004年第4期，第43页。

② 翁岳生：《行政法》，中国法制出版社2000年版，第1463页。

具备以下两个条件：其一，行政行为具有完整合理正式的程序制度。协商合意制度本质上是一种替代式的纠纷解决方式（如上文提到的美国 ADR 制度)①，只有在正式纠纷解决方式完整清清晰地前提下，成为一种备选方案。而且"严密而完备的正式程序的存在，可以鼓励和促成行政过程中通过合意治理，并且为合意的获得提供指引，将其纳入法治化道路"。正式程序的存在也为"合意不能"时行政相对人获得纠纷解决路径提供方便。其二，完善对于协商行政的监督机制。前文已经提到，在没有具体规则的情况下片面强调"双方合意"是有可能"以合意之名，行强制之实"的，或者双方以损害公益的方式满足私益。这与协商合意制度的初衷都是背道而驰的。因此，必须运用利益衡量的方法使合意获得一定范围的司法审查，限定合意的范围（如公共安全领域等传统羁束行政领域，行政机关与相对人是没有协商合意的空间的），对协商合意当事人的审核，防止损害其他利害关系人的情形发生。

下面简单陈述笔者对于规划协商合意制度建立的基本规则之构想：

（1）就性质而言，规划协商合意所达成的协定本质上是一个行政合同，因此，已有的行政合同制度规则（如行政指挥权、变更权等行政优益权）也同样适用于协商合意协定。

（2）就时间阶段而言，规划协商合意应在规划行政决定作出前实施，当行政决定作出后受其行为效力的影响，相对人和行政机关一般没有协商合意的可能性。

（3）就主体而言，不宜将规划协商合意的参与主体规定得过为宽泛，只有权利义务受具体行政决定影响的相对人可以参与。

---

① 王锡锌：《公众参与和行政过程——一个理念和制度分析的框架》，中国民主法制出版社 2007 年版，第 283 页。

另外，要注意对其他主体的权益保护问题。当涉及第三人利益时，行政主体和相对人达成协商和解协定时，必须告知第三人并征询其意见。若第三人同意，协定对其产生效力；若第三人部分同意，协定部分对其产生效力；若第三人反对，则协定不能达成或只能在行政主体和相对人双方权利、义务范围内达成，第三人并不受其拘束。

在当今世界法律大融合的趋势下，公私法之间并不是截然对立的，"众所周知，在民事诉讼中，这种意义上的协商频繁实施，对于尽早恢复法的和平与诉讼经济，具有很大的作用。"① 那么，如果能够在公众参与中借鉴这种方式，不但充分体现了行政法律关系双方当事人的地位平等性，更符合经济行政原则，节约了行政成本，提高了行政效率。更为重要的是，协商合意中作为行政相对人的公民感受到了公众参与的有效性，对于规划行政决定不只是被动的接受而是体现了合意的精神。这与我们倡导的公众参与的精神实质是不谋而合的。因此，尽管协商合意制度起步较晚，却是建构规划领域公众参与中必须重点考虑的制度。而且，进一步讲，如果具体行政决定的公民参与效果非常突出，也会不断激发公众积极参与的热情，这对于建立良性互动的公众参与社会是必要且重要的法治土壤。

三、参与程度

公众参与城乡规划有效性的提升固然与参与主体的选择和参与方式的革新密切相关，但从纵向角度考量，公众参与的程度高

---

① ［日］南博方：《行政诉讼中和解的法理》，杨建顺译，载《环球法律评论》2001 年春季号，第 89 页。

低也决定着参与的有效性。① 什么阶段可以参与、参与到什么程度、作出这些判断的依据是什么，这些都影响着参与的效力。公众参与城乡规划的价值毋庸置疑，但是过度参与可能会带来风险，如何判断"度"的问题、参与程度与参与活动相适应的问题、怎样有效避免参与过度又不阻碍公众参与的正当进行的问题等，这些都是城乡规划领域公众参与需要考量的方面。

（一）参与阶段

上文已述，我们并不主张"全方位、无缝隙"的公众参与，事实上也不能够实现。② 即使不从实际层面考虑，仅仅从应然层面来看，也不应该出现无限制的、随意性的公众参与方式。这样的参与甚至在某种程度上比"无参与"更为可怕。"如果参与的程度达到具有支配性决定权力的程度时，就可能面临代议民主原则的忧虑，并且有紊乱责任政治的危险。"③

在参与阶段的选择上，我国现行《城乡规划法》规定在规划启动阶段和规划确定阶段没有普遍意义上的公众参与，只是在规划确定（即规划审批）阶段针对总体规划设置了专家的参与。④ 其他规划阶段（包括规划实施阶段与规划修改阶段）都设置了普遍意义上之公众参与。从公众参与的效力评价角度看，这种阶段设置应当进行调整。规划确定阶段应当增加普通公众参与的内容。

---

① Sherry Arnstein 在其代表作《市民参与的阶梯》中将公众参与分为"无参与"、"象征性参与"、"完全参与"三个层次。但这是出于社会学者对公众参与的考虑，在法学角度尚没有统一标准。

② 详见本书第四章第一节：一、"参与时序"部分的论述。

③ 许宗力：《行政程序透明化与集中化》，载许宗力：《宪法与法治国行政》，元照出版公司 1999 年版，第 346 页。斯图尔特教授在《二十一世纪的行政法》一文中表达了同样的观点。

④ 参见《城乡规划法》第 27 条。

首先，规划启动阶段一定程度上是行政内部事务，且处于对城市发展的整体性考虑，故不适宜于普通公众参与，在这一点上无需调整，维持现状即可。但是在规划确定阶段，仅仅给予专家群体对总体规划的审查参与权是不够的，这是因为：（1）规划确定阶段是规划生效的最后阶段，一旦审批通过，城乡规划即实施并长期运行，在这么重要的规划阶段缺失一般意义上的公众参与是不能接受的，尽管规定了专家之审查，但是基于上述分析的专家可能"利益被俘获"的情况，单纯专家参与的程度是不够的；①（2）规划确定阶段之参与也仅仅是针对总体规划的内容，对于详细性规划则没有公民参与，甚至专家参与也不存在，而详细性规划对公民权利义务之调整比总体规划直接、深入的多。这样规定有"舍本逐末"之嫌。因此在规划确定阶段设置一般意义上的公众参与实属必要，"取消这种权利对个人而言太重大了，不能够让它由行政方面一手扼杀"。②

（二）参与事项

公众参与城乡规划并不代表对所有规划的方方面面都可以事无巨细地进行参与，涉及保密事项的专项规划（如城市人防工程）、省域城镇体系规划的通盘考虑内容（如南水北调工程）等并不适宜于一般层面的公众参与，这里除了民主与效率之关系外，还涉及国家整体利益的内容。

当然，事物都具备两个方面，一方面我们要明确有些规划事

---

① 而且专家与公众进行参与的基础也不尽相同，普通公众参与的基础是利益，追求自身利益被规划方案吸收的可能性；而专家参与的基础是利益，追求规划结果的科学性与合理性。

② 参见［德］伯纳德·施瓦茨：《行政法》，徐炳译，群众出版社1986年版，第582—586页。

项不能进行公众参与，另一方面我们也要防止规划行政主体借此变相剥夺公众参与权。因此，参与事项的判断需要有一个起码的衡量标准。笔者认为，除了明显的参与事项内容之外，其余参与事项的判断可以借鉴《政府信息公开条例》的内容，凡是可以公开的部分，就应当允许公众参与，事实上，信息公开亦是公众参与的一种方式。

（三）参与幅度

现行《城乡规划法》将公众参与的幅度基本限定于"意见表达"层面。笔者认为，城乡规划领域之公众参与是一个体系化的规则构建，由于城乡规划是一个完整的体系，由若干规划种类组成。因此，在参与幅度的选择上应当区别设置，总体来说，对于体系性规划、城市总体规划，参与幅度可以设置较低；而对于详细性规划，尤其是修建性详细规划，应当设置较高幅度的参与权。换言之，将所有规划种类的参与都限定于"征求意见、表达看法"的层面是不够的，现行法律规定的"听证会、论证会"等方式都是在"征求意见"层面去创设的，都是为了意见表达而实施的程序。

如果进一步推敲，是否只能在"征求意见层面"进行参与？笔者认为，对于总体性规划等全面性内容，可以在"征求意见"层面进行公众参与；但是对于详细性规划，应当赋予公众更高的参与权，如除了被动的意见表达外，主动直接地对规划内容问询、对于规划机关不予采纳的行为提起救济程序。详细性规划，尤其是修建性详细规划，其实已经类似于一个具体行政行为，允许并进行司法救济没有什么障碍。这一点将在下文城乡规划公众参与权之司法救济的部分进行重点探讨。

以上简要分析了城乡规划领域公众参与有效性提升的一般途径，是在现有法律规范的框架下进行的分析和完善。至于通过参与内容的调整来提升参与的效力，由于涉及立法内容的变迁而暂不作统一说明。有关立法规范在参与内容上之调整可以参见第四章第二节有关"制度规范层面"的问题探讨。

当然，公众参与城乡规划有效性的提高还有赖于意识层面的因素影响，"因为现代西方社会公众参与及其合法性不是单纯通过自上而下的法律规定促成的，而是社会普遍的民主参与观念、足够的社会的开放性和自下而上的社会运动的混合产物。"① 总之，公众参与城乡规划之有效性是多种因素共同作用的结果。以下将从增强效力的实用性出发，分析两种特殊模式：一为主体参与的特殊表现；二为参与权的救济保障。

第三节　提高公众参与城乡规划有效性之特殊途径

时代的发展、社会的进步促使法律固有概念产生新的诠释。"这种经济和社会的转折意味着对法律文化多层次的挑战，法律文化必须接受新的内容。"② 传统意义上之规划公众参与当然是一种普通民众的参与，体现的是规划行政主体与规划行政相对人之间的关系。提升公众参与城乡规划之有效性也主要从这个角度进行探究。

但是，除此之外，是否还存在其他的方式能够实现甚至更好地实现公众参与的功能。笔者认为，我国人民代表大会的参与、影响城乡规划活动的过程，亦是一种公众参与的概念。规划公众

---

① 徐建：《城市规划中公共利益的内涵界定》，载《行政法学研究》2007 年第 1 期。

② ［德］何意志：《中国法律文化概述》，德国汉堡亚洲研究出版社1991 年版，第 45 页。

参与的事后司法救济规则之确立，亦能有效地提升公众参与的整体效力。

一、人民代表大会之规划公众参与

从传统概念来看，参与式民主与代议制民主是存在重大区别的，"民主政治发展到今天，民主的实体性正义价值已得到完全的肯认，并通过诸如选举制度、议会制度等一定的制度形式表现出来，但仅此尚不足以自行。"[1] "参与式民主与代议制民主是相对的，作为代议制民主的一种重要补充形式的民主制度。当然，它不能包括更不能取代以选举为核心的代议制民主的本身。"[2] 参与式民主强调的是尽可能由普通公民通过与政府互动的方式决定公共事务和进行公共治理，而代议制民主是以选举为基础，经过民意的层层传达，由代议机关制定符合民意的规则实现社会良性运行。参与式民主是 20 世纪 60 年代才出现的理论，代议制民主则是近代民主国家的通例。

（一）表现方式

在《城乡规划法》层面，人民代表大会之公众参与主要表现为以下四种：

1. 总体规划编制完毕报送上级政府审批前，同级人大常委会的审议。[3]

---

[1] 焦洪昌：《选举权的法律保障》，北京大学出版社 2005 年版，第 178 页。

[2] 蔡定剑主编：《公众参与——风险社会的制度建设》，法律出版社 2009 年版，第 7 页。

[3] 《城乡规划法》第 16 条。

2. 控制性详细规划经本级政府批准后，本级人大常委会的备案。①

3. 总体规划定期评估后，向本级人大常委会、镇人大提出评估报告并附具征求意见情况。②

4. 规划实施情况向本级人大常委会，乡、镇人大报告并接受监督。③

（二）原因剖析

人民代表大会及其常委会作为我国的权力机关，其参与城乡规划的上述四种行为，是否属于公众参与的范畴。笔者认为应作肯定回答，这是因为：

1. 结果的正当性和目的性相同

人大参与城乡规划当然涉及权力监督的领域，行政机关是权力机关的执行机关，从这个意义上讲，人大的参与体现了一种监督和审查。事实上《城乡规划法》也是在第五章监督检查的部分提出了人大监督的概念。

但是，如果从更广阔的视野考察，从公众参与城乡规划行政活动的目的去考察，只要行为的最终结果能够增强城乡规划的民主性，提升城乡规划的执行力，使规划内容最充分地反映绝大多数公众的基本意愿，那么就属于公众参与的范畴，从这个意义上讲，人民代表大会的参与亦属于公众参与的范畴。

2. 人大本身是民意的最典型代表

"人民代表大会既是我国各级人民代表会议的名称，又是一个

---

① 《城乡规划法》第 19 条、第 20 条。
② 《城乡规划法》第 46 条。
③ 《城乡规划法》第 52 条。

国家机构。它是依照宪法和法律行使国家和地方权力的各级国家权力机关。"① 人大制度是中国的政权组织形式，体现"议行合一"原则，其他所有的国家机关均由人大产生，向人大负责。

人大本身是民意最典型之代表，这是因为：（1）各级人大通过选举产生，理性的应然状态之选举是民意最集中、最本质的反映；（2）人民选举出人大代表组成全国以及地方权力机关，民意在体系上得以层层传达；（3）人大产生其他国家机关，包括行政机关，将民意经人大传导入其他公权力体系；（4）人大的强力监督功能，使得公权力偏离民意时得以及时纠正。

这样看来，公众参与是要将最广泛之民意传输进行政决策中，而人大既是民意最广泛、最典型之代表，本身又恰恰实现了这一功能。因此，与公众参与的范式不谋而合。

3. 人大之参与是传统意义上公众参与的基础

人大的权力运作为一般意义上之公众参与提供了制度基础，蔡定剑教授也认为：尽管"它们是民主制度发展不同阶段的两种不同形式。公众参与式民主绝对不是对选举民主的替代，而是对选举民主的补充，是对代议制民主的完善。"②

应该说，公众参与的理念在中国是基于人民当家作主的国家性质，人民代表大会的组织形式。如果否定这一点，那么只能在狭隘意义上理解公众参与，它只是具有修正行政内容、提高行政决定之执行力的简单效果。从这个意义上讲，公众参与固然是以西方阿诺德·考夫曼等学者提出的"协商民主"理论而逐渐发展形成的，但是在中国，人民民主专政的国体本身就赋予了公民参

① 蔡定剑：《一个人大研究者的探索》，武汉大学出版社 2007 年版，第 3 页。

② 蔡定剑主编：《公众参与——风险社会的制度建设》，法律出版社 2009 年版，第 8 页。

与国家事务管理的权利。因此，相较西方资本主义国家，公众参与与人大制度不仅不矛盾，而且某种程度上是依托人大制度形成的。在中国研究公众参与不存在理论和体制上之障碍，从更广泛意义上将人大之参与归为公众参与的一种，并不突兀和难以解释。

4. 从功利主义角度看，人大参与会大幅提升公众参与之有效性

将人大参与归类于公众参与，除了概念之争外，对公众参与的运行没有负面之影响，反而会起到积极的提升作用。公众参与的关键所在是其有效性欠缺，上文也从多个层面论述了提升公众参与城乡规划有效性的一般途径，但都是从普通意义公众参与的角度考量的。

如果转换思路，人大的参与也归属于公众参与范畴，那么基于人大的权力机关属性、基于议行合一原则、基于人大的最高效力地位，人大参与对行政活动的影响力是可想而知的，人大之参与将整体上大大提升公众参与的效力。因此，以普通公众参与为先，人大参与为后，人大参与利用自身权力适时修正行政过程，使得行政结果更加符合公众原意，这并非不能接受。

另外，从现实角度考察，完全有可能出现人大代表参与普通意义公众参与的情况，此时即使其是以人大代表的身份进行参与，也很难认定为人大整体的公众参与，因为大量这种状况下的参与主体仍旧是普通公众。但是人大代表之身份又使得这种参与表现方式、参与效力都与一般意义参与不同，那么到底这属于人大参与，还是普通公众参与？笔者认为，这仍然属于普通公众参与，因为如果抛开概念、意义之争，只从本质考量二者没有根本矛盾，人大代表介入的普通意义下之公众参与，只是公众参与的另一种表现方式，即参与主体具备了某种特殊身份，但基础仍然是大众之参与。它与人大整体以机关名义进行规划方案的审议、备案等

方式存在显著区别。

综上所述，代议制民主是以选举为基础由民意代表进行决策，而参与式民主是由公众直接参与决策和治理。前者为间接方式的民主运行，而后者为直接方式的民主运行。或者说，代议制是"兜了一个圈子"的参与，表现为由代议机关充当中介代表进行民主参与。

（三）实质功能

城乡规划领域之人大公众参与模式的实质功能有三点：

1. 立法功能

人大作为权利机关行使立法权，可以通过城乡规划领域相关法律的制定和调整来反映民意，进行参与。

2. 监督功能

人大作为其他公权力机关的本源性权力来源，监督民意在城乡规划方案制定和实施中的运行，一旦发现偏离民意，可以以监督主体身份进行纠正。

3. 民意表达功能

这是人大参与城乡规划最核心的功能表达。人大本身是民意代表机关，由它对普通意义上公众参与的民意进行补充式表达，可以使规划方案更加贴近公众意愿。人大制度是公众参与的基础，也是有益补充，其实无所谓谁是谁的基础或补充，只要最终实现民意的表达功能即可。

（四）《城乡规划法》的具体表现

在《城乡规划法》规范层面，主要从以下几个层次对人大之公众参与形式进行了规定：

1. 同级人大对于总体规划的事先审议（第16条）

2. 上级人大对于控制性详细规划的备案（第 19 条、第 20 条）

3. 同级人大对总体规划评估意见的收纳（第 46 条）

4. 本级人大对所有规划实施的整体监督（第 52 条）

这些法律条文的具体内容在此不再赘述，其目的都是增强城乡规划领域公众参与的实质效力，由人民代表大会进行规划是否符合民意的衡量与评价。可以认为，第 16 条、第 19 条、第 20 条、第 46 条是列举式规定，而第 52 条则是对所有层次规划进行民意考察的概括式兜底条款。

同时，应当指出的是，这些内容也是《城乡规划法》的创新点与亮点，原《城市规划法》并未规定人民代表大会监督规划民意履行之内容的。由此也可以看出，《城乡规划法》除了对普通意义上之公众参与进行了立法确定和程序规制，也同时对人大的参与模式进行了一定说明。

（五）可能的不足与完善

人民代表大会之公众参与是属于广泛意义上之公众参与范畴的，这一点上文已经进行了论证。但是，我们也要看到，任何事物都是"双刃剑"，利弊并行，人大之公众参与可能出现的不足是：

1. 以人大之公众参与代替普通公众参与

如果确立了人民代表大会之参与模式也属于公众参与的界限，那么首要强调的是二者之间的关系，避免以人大之公众参与代替普通公众参与情形的出现。应该说，人大之公众参与是普通意义公众参与的基础，公众参与正是人民当家作主的本来含义。但是在具体制度运行过程中，我们仍然需要强调普通意义公众参与的独立性和特殊价值，不能将其与人大公众参与混同，从而将其取代。

比较理想的模式是，对城乡规划领域的公众参与首先进行普遍意义上的公众参与，再辅之以人大公众参与为补充。换言之，公众的直接民意参与先行，人大的间接民意参与后行。二者结合从而实现规划民意的最大化。

2. 人大之公众参与只局限于《城乡规划法》的法定情形

由于《城乡规划法》创新性地规定了人大对于规划方案的监督和备案审查功能，因此似乎呈现出这样一种印象，即人大之公众参与仅仅局限于《城乡规划法》的法律条文所规定的内容。除此之外的其他方面都不是人大参与城乡规划的内容。

这种理解是偏颇的。人大之规划公众参与只是由于《城乡规划法》的规定引起了社会的关注，但其内容绝不仅仅局限于《城乡规划法》规定的内容，人大公众参与的外延是非常丰富的。例如人大代表听取民意后对规划草案提出看法，对规划机关的质询；人大代表对涉及规划参与权个案的司法监督等亦都属于广义上之人大公众参与。

3. 人大之公众参与与普通公众参与出现民意冲突

一般而言，人大之公众参与与普遍意义之公众参与不会发生冲突，因为本身人大的民意收集和表达路径是从普遍意义上的公众意愿传递而来的。但是在以下三种情况下，两者之间可能会出现冲突：（1）人大参与与普通公众参与之着眼点不同。例如，关于修建性详细规划，普通公众更多地着眼于自身周边环境的变换、相邻权等权利的受限，而人大参与所关心的可能是城市整体发展的全局性问题；（2）民意在传递路径中因为某些原因未顺畅无误的表达。因为某些原因，可能人大组织或人大代表个人在收集民意的过程中，出现了遗漏或理解失误等问题，致使公众参与的主张没有正确无误的表达，从而影响参与效果；（3）民意被恶意歪曲。最恶性的可能情况是，人大代表受利益集团影响或蛊惑而恶意歪曲民意，从而使人大公众参与丧失其本来意义。

对于这三种情况，第三种我们不做评述，因为这种情形本身也是与基本公众参与的宗旨和价值相违背的。对于之前两种情形，笔者认为此时在综合考虑的基础上，仍是以普遍意义上的公众民意为主要考量标准。因为毕竟人大之公众参与是间接表达民意，而普遍意义上的公众参与是最为直接的表达方式，而且相对来说，人大之公众参与的作用仍然是补充性质的。它属于公众参与的方式之一，但是公众参与仍然以直接、普遍的公众参与为其主要方面。

总之，"人民全体是无法真正行使权力的，因此大多数国家所实行的也只能是代议制。这种间接民主的做法——代议制，只不过是要求政府出自民选。"① 这种考量与公众参与并不矛盾。笔者认为人大在城乡规划领域的活动也是构成公众参与城乡规划的方式之一。广义上的公众参与主要是从功能和实质作用出发，只要是满足民意表达、利益诉求以影响城乡规划的结果，都可以认为是一种公众参与的途径。"我国应形成市人民代表大会、政协委员会与社区组织三者共同参与城市规划的公众参与模式。首先，应充分发挥市人民代表大会的代议作用，在城市总体规划送交政府前，应先经市人民代表大会审批。由于市人民代表由市民选举产生，故他们对总体规划的审议是一种代表性的公众参与。"②

二、公众参与规划权之司法救济

上文就提高城乡规划领域公众参与权的有效性进行了分析，

① 龚祥瑞：《比较宪法与行政法》，法律出版社 2003 年版，第 57 页。
② 田莉：《国外城市规划管理中"公众参与"的经验与启示》，载《江西行政学院学报》2001 年第 1 期。

分别探究了一般层面的提升路径，以及特殊的效力模式——人大之公众参与。但是，应当指出的是，这些提升路径从时间顺序上都是从事前，即规划制定、实施、修改过程中去分析的。如果所有这些活动业已结束，但是公众的规划参与权未行使或行使存在瑕疵，此时规划已经出台，短期进行弥补的可能性并不大，此时如果没有相应的司法救济措施，将会产生极大的负面效应。一是权利未救济，违背"有权利必有救济"的法治原则；二是将影响下次公众参与的积极性；三是长期来看，将使公众对规划之参与产生负面印象和评价，而这种印象和评价一旦生成则很难扭转。

因此，"司法……甚至还能在一定程度上使不受限制的公权力相对于法律和法制而发挥良好的作用。"① 从这个角度看，探询城乡规划领域公众参与权之司法救济不仅重要而且必要，同时，它亦是增强公众参与城乡规划的有效性之事后手段，可以归为提升公众参与有效性的特殊手段。

（一）公众参与权司法救济之主体法律缺失

《城乡规划法》在第六章规定了法律责任的内容，但是这些法律责任基本上均是针对违法规划建设的行政相对人的，只有第58条、第59条、第60条、第61条规定了不同情况下，对于规划行政主体的责任追究。但是仔细分析，这些责任追究都是内部责任追究，一般是由上级行政主体进行行政内部监督。

应该承认，现行《城乡规划法》更多地是对城乡规划行政权的赋予和行使提供了较大的便利，而对于处于另外一极的相对人之私权利，则没有相应的关注。"从技术层面看，城市规划的核心

---

① ［德］奥托·迈耶：《德国行政法》，刘飞译，商务印书馆2002年版，第44页。

是土地资源的有效利用，城市空间布局的优化和人居环境的改善。从法律层面看，城市规划的核心则是公权与私权的关系问题"。①不同种类、不同运行方式的城乡规划，将对行政相对人的私权利产生不同程度和范围的影响，对城乡规划中的私权利救济实属必要。

这样，由于外部的公众参与权之司法救济内容在《城乡规划法》中并未提及。而外部的司法性的监督一定意义上又是最能够保障普通公众参与权正当行使的救济领域。法谚有云：司法权是维护社会正义的最后一道屏障！如果中立无偏私的司法救济缺失，那么权利的破损将无法弥补。

因此本部分重点讨论普通公众参与城乡规划权利之司法救济与保护的内容，基于主体法救济层面的缺失，故主要以《行政诉讼法》及相关司法解释为评判依据。

（二）城乡规划行为之法律性质

首先，我们先进行城乡规划行为法律性质的探讨，毫无疑问，其属于行政行为的范畴。但是，属于何种行政行为，属于哪一类行政行为，对于我们接下来判断可诉性的内容非常关键。

1. 抽象行政行为说

一般而言，对于城乡规划本身，尤其是总体规划，"只要立法者（也包括法规、规章制定）进行计划或者决定一个计划，其'计划裁量权'即属于在国家权力范畴的普通立法裁量权。立法裁量中不存在诸如在使用不确定法律概念中所具有的行为裁量与判

---

① 冯俊：《城市规划中的公权与私权》，载《法制日报》2004年2月5日第3版。

断活动的区别，此两者都属于不可分割的，在立法裁量中融为一体。"① "城市规划作为行政规划的一种，属于一种行政立法行为。"② 从城乡规划使用的普遍效力性、广泛性、未来性的角度考虑，城乡规划行政行为具有抽象行政行为的特征。

2. 具体行政行为说

日本有学者认为："在法令方面有些行政计划属于附随性的行政决定，作为法律上的效果，对私人在建筑及土地利用上进行了限制，这样的行为确定无疑的具体地影响着关系人具体权利义务关系的形成。此外，在关系人对此不服的情况下，私人与政府之间的纠纷已经成熟，应该予以解决。"③ 应当说，无论是哪个层次的城乡规划行政行为，都实际影响了相对人之权利义务，而且一般而言当个体已经感受到这种影响时，城乡规划早已生效并实施。从这个意义上说，是可诉并应当救济的。

3. 抽象、具体行政行为两分说

有学者认为，"行政计划权是指有权机关确定在未来一定时期内所要实现的规划蓝图的权力……应当指出的是，行政计划权并不完全属于行政权的范畴，重大的行政计划需要立法决定。"④ 和田英夫亦认为："行政计划属于行政立法行为还是属于行政行为，是法律上的一个重要问题，如果计划内容具体而明确，具有争诉

① ［德］平纳特：《德国普通行政法》，朱林译，中国人民大学出版社1998年版，第142页。

② 章剑生：《行政程序法比较研究》，杭州大学出版社1997年版，第73页。

③ ［日］大兵啓吉：《行政法问题集》，成文堂1990年版，第77页。转引自梁国启：《我国城市规划法律制度研究——立足于私权保护与公权制约的视角》，吉林大学2008年博士学位论文，第29页。

④ 应松年、薛刚凌：《行政组织法研究》，法律出版社2002年版，第149页。

的成熟性，可以肯定其处理性质认定为行政行为；反之，因计划内容具有普遍适应性、抽象性而可以认定为行政立法行为。"① 城乡规划是一个体系，是由不同种类之规划内容构建的。对于体系规划、总体规划，具有普适性、不确定性以及未来预测性，可以认定为抽象行政行为；而控制性详细规划与修建性详细规划由于其业已影响到特定相对人的利益，因此属于具体行政行为之范畴。

本文采抽象、具体行为两分说，依据城乡规划的不同种类，区分为不同层次的行政行为形式。

（三）受案范围研究

有关城乡规划领域公众参与权司法保障的关键问题是：在规划公众参与领域，各类规划行政行为是否具备法律上之可诉性？如果城乡规划领域行政行为没有可诉性，那么接下来的探究都不存在实际意义。

根据规范层面的行政诉讼受案范围标准，② 针对城乡规划领域公众参与权的诉讼对象，我们应当判断三个问题：第一，城乡规划行为是否属于行政职权行为？第二，城乡规划行为是否会对行政相对人的权利义务产生实际的影响？第三，城乡规划行为是否属于行政诉讼之否定列举，即排除的范围？

其一，毫无疑问城乡规划领域行政行为属于行政职权行为，无论哪一层级的城乡规划，其运行均体现了行政权的职权因素，

---

① ［日］广田隆、田中馆照橘：《行政法学的基础知识》，有斐阁 1983 年版，第 79—80 页。转引自梁国启：《我国城市规划法律制度研究——立足于私权保护与公权制约的视角》，吉林大学 2008 年博士学位论文，第 30 页。

② 根据《行政诉讼法》第 2 条、第 11 条、第 12 条以及最高人民法院司法解释第 1 条的规定，行政诉讼受案范围之标准为"对公民、法人或者其他组织权利义务产生实际影响且不属于否定列举之行政行为"。

属于城乡规划行政权的范畴。

其二，城乡规划领域是由一系列规划种类组成的规划体系。所有层次的规划，无论是总体规划抑或是详细性规划，都会对规划相对人的权利义务产生实际影响，或正面或负面。

这里需要说明的是，详细性规划实际影响规划相对人权利义务较好理解，无论是控制性详细规划，还是修建性详细规划，都关系建设用地性质、地块建设的具体安排和设计等内容。其适用范围较小，拘束对象相对特定，一旦实施对规划相对人权利义务（如相邻权）会产生较大影响。但是，总体规划是针对城市发展目标、空间布局、建设的综合部署等问题所作的规划，具有普适性，其对规划相对人权利义务也产生实质影响吗？回答应当是肯定的，总体规划与详细规划只是在内容上、在范围上有所区别，但是从广义上来说，都会对规划相对人权利义务产生实际影响，而且总体规划之影响力更大，因为详细性规划实际是以其为依据针对特定地块的具体规划实施。

当然，以权利义务是否被行政行为实际影响作为受案范围的判断标准是否妥当，尚待进一步讨论。最高人民法院司法解释是以受案范围扩大化作为解释原则的，但是"是否影响"、"是否实际影响"理应是司法审查后判断的内容，以此作为判断诉讼责任的依据，而在是否受理的前提阶段就予以判定，有逻辑上颠倒之嫌。

其三，关键问题在于城乡规划行为是否属于否定列举的范畴。

按照最高人民法院司法解释的明确规定，① 显然城乡规划行为不属于该条款后五项否定列举的范围，那么它是否属于第一项"行政诉讼法第 12 条规定的四项否定列举之范围"，换言之，关键要判断其是否属于"抽象行政行为"。

上文已将城乡规划行政行为之法律性质的观点进行了梳理，笔者认为，城乡规划中总体规划（包括体系规划）属于抽象行政行为，而详细性规划，无论是控制性详细规划，还是修建性详细规划均属于具体行政行为。这是因为：总体规划是具有普遍适用力的，城市总体规划是针对城市全体公众，省域城镇体系规划是针对城镇区域的协调发展，适用对象更为广泛和不确定。从普遍适用力和不确定性两个层面看，完全符合抽象行政行为的本质特征。而详细性规划适用效力有限，适用对象及于特定相对人，尤其是修建性详细规划，因此属于具体行政行为。

综上所述，笔者认为，城乡规划行政行为都是实际影响相对人权利义务的行政职权行为，但是由于总体规划属于抽象行政行为的否定列举范畴，因此被排除出行政诉讼的受案范围，而详细性规划则属于具体行政行为，从而能够被司法审查所包含。

我国台湾地区"司法院"大法官释字亦证明了这一论断，大

---

① 根据最高人民法院《关于执行〈中华人民共和国行政诉讼法〉若干问题的解释》第 1 条第 2 款的规定，不属于人民法院审理的行为类别包括：（1）《行政诉讼法》第 12 条规定的国家行为、抽象行政行为、内部人事处理行为、行政终局行为；（2）刑事侦查行为；（3）调解仲裁行为；（4）行政指导行为；（5）重复处理行为；（6）对行政相对方的权利义务不产生实际影响的行为。

法官会议释字第 156 号①明确肯定主管机关具体变更都市计划，直接限制一定区域内人民之权利、利益或增加其负担之具有行政处分之性质，其因而致特定或可得确定之多数人之权益遭受违法或不当损害者，应许其提起诉愿或行政救济，即系承认具体变更都市计划，并非仅为单纯之公共利益而已，而是与人民公法上之权益有关，故许其得为行政救济。②

当然，这里需要注意的是，《行政诉讼法》的修改业已提上日程，其中重要的修法建议即"打破具体行政行为与抽象行政行为的界限"、"有限度的允许部分抽象行政行为进入行政诉讼"。如果这样的修法建议成为现实，那我们关于城乡规划行为可诉性的回答就要重新进行。但是，在法律尚未修改完毕，在现行法之框架下，总体规划因为抽象行政行为的性质还不能被司法所审查。

在现行法框架下，尽管不能对总体规划之公众参与权救济直接提出司法审查要求，但笔者认为可以通过以下途径实现一定程度的救济：（1）总体规划的公众参与权未实施或实施有瑕疵时，公民个体以公众参与程序未履行为由向规划编制机关表达主张，若规划编制机关不回复或回复一定理由，则这一回复或不回复行为成为一个新的行政行为，且是具体行政行为，原主张的个体可以以此为诉讼标的（作为的行为或不作为的行为）提起行政诉讼，通过这种方式将原本的抽象行政行为转化为具体行政行为，从而实现参与权救济；（2）依据总体规划制定的详细性规划，由于其

---

① 大法官会议释字第 156 号认为："主管机关变更都市计划，系公法上之单方行政行为，如直接限制一定区域内人民之权利、利益或增加其负担，即具有行政处分之性质，其因而致特定人或可得确定之多数人之权益遭受不当或违法之损害者，自应许其提起诉愿或行政诉讼以资救济。"

② 王和雄：《公权理论之演变》，载《政大法学评论》1980 年第 43 期，第 365 页。

具体行政行为的性质，当公众参与程序未履行时可以司法救济，从而间接实现对依据层面的总体规划之救济；（3）期待于行政公益诉讼①之建立，对总体规划进行行政公益诉讼层面的司法救济。

（四）原告资格的确定

要提升公众参与城乡规划的有效性，需要进行事后司法救济制度的分析，要进行司法救济的实施，必须具有原告资格。"起诉资格是寻求司法审查的权利问题。"② 因此，在进行完毕受案范围的考察后，接下来的重要问题是有权诉讼的主体分析。受到城乡规划行政行为影响的行政相对人是否都具有诉权，可以通过行政诉讼保障自身的公众参与权。

按照《行政诉讼法》的规定，原告是认为自己的合法权益受到具体行政行为侵害的公民、法人和其他组织，在司法实践中，人们习惯于以行政相对人作为标准来判定原告资格。③ 最高人民法院司法解释对原告资格标准进行了扩大化解释，"行政相对人"标准演化为"利害关系人"标准。因此针对广泛的、不确定的普通公众的参与权是不存在原告资格之确定问题的，因为此时公众不具备特定性，不属于"利害关系人"的范畴。

---

① "'公益'不涉及'私益'的诉权，几乎任何国家的法律都不会完全赋予当事人'意思自治'，国家对涉及公共利益的案件进行干预是天经地义的事情。行政公益诉讼不是一般的行政诉讼，而是仅仅涉及'公益'，或者虽然也涉及'私益'，但主要是涉及'公益'的诉讼。"参见姜明安：《行政诉讼中的检察监督与行政公益诉讼》，载《中国检察官》2006年第5期，第33页。

② ［美］理查德·B.斯图尔特：《美国行政法的重构》，沈岿译，商务印书馆2002年版，第111页。

③ 姜明安主编：《行政法与行政诉讼法》（第2版），北京大学出版社、高等教育出版社2005年版，第502页。

依据这样的判断标准和上文已经分析的城乡规划行政行为可诉性标准，可以得出以下结论：

针对城乡规划领域行政行为能够提起行政诉讼的原告资格方有：（1）在控制性详细规划"规划地段内的利害关系人"；（2）与修建性详细规划有关的"利害关系人"；（3）控制性详细规划、修建性详细规划有关的"相邻权人"；（4）非重要地块之修建性详细规划的"编制人"；（5）直接关系或涉及他人重大利益规划许可的"利害关系人"。

对于上述五类原告资格分别予以具体分析：

1. 依据《城乡规划法》第48条之规定，控制性详细规划规划地段内之利害关系人，在规划组织编制机关修改控制性详细规划时，享有表达意见的公众参与权。控制性详细规划同时又属于行政诉讼的可诉范围。因此，当控制性详细规划修改时，未按照《城乡规划法》第48条之规定给予规划地段内利害关系人参与权的，其享有原告资格，可以起诉。

2. 依据《城乡规划法》第50条第2款之规定，经依法审定的修建性详细规划确需修改的，利害关系人享有召开并参加听证会的公众参与权。修建性详细规划同时又属于行政诉讼的可诉范围。因此，当修建性详细规划修改时，未按照《城乡规划法》第50条第2款之规定给予利害关系人参与权的，其享有原告资格，可以起诉。

需要注意的是，与控制性详细规划不同，修建性详细规划之公众参与对象是"所有利害关系人"，而不是"规划地段内的利害关系人"。看起来似乎原告范围有所扩大，但事实上由于修建性详细规划适用范围更小，它是控制性详细规划的再细化，因此反而拥有行政诉权的原告资格方的数量比控制性详细规划要少。

3. 相邻权人属于修建性详细规划公众参与中"所有利害关系

人"的范畴，因此可以享有修建性详细规划的原告资格；相邻权人尽管不属于控制性详细规划公众参与中"规划地段内利害关系人"的范畴，但是因为最高人民法院《关于执行〈中华人民共和国行政诉讼法〉若干问题的解释》第13条关于"相邻权"的特别解释，从而获得了对控制性详细规划的原告资格。因此，"相邻权人"对控制性详细规划和修建性详细规划都具有原告资格。

4. 依据《城乡规划法》第21条之规定，城市、镇的重要地块之修建性详细规划由政府组织编制，其他非重要地块的修建性详细规划，其组织编制的主体是开发建设单位。这体现了在规划启动阶段的特定主体公众参与权。修建性详细规划同时又属于行政诉讼的可诉范围。因此，当非重要地块之修建性详细规划未按照《城乡规划法》第50条第2款之规定给予"编制人"（即开发单位）参与权的，其享有原告资格，可以起诉。

5. 依据《行政许可法》第36条、第47条之规定，对于直接关系或涉及他人重大利益的规划许可，申请人和利害关系人（其实申请人亦属于利害关系人范畴，因此统一用"利害关系人"表述）享有陈述、申辩、听证的公众参与权。而且行政许可行为同时又属于行政诉讼的可诉范围。因此，当规划许可未按照《行政许可法》第36条、第47条之规定给予"利害关系人"参与权的，其享有原告资格，可以起诉。

（五）审查内容剖析——程序性权利

在可诉性问题和原告资格问题分析完毕之后，接下来重点研究的部分则是行政诉讼中人民法院司法审查的内容。也就是说，人民法院在城乡规划领域公众参与权行政诉讼中，审查规划行政主体的什么行为？审查到什么程度？标准是什么？如果这些问题不能得到有效回答，那么尽管我们确定了公众参与城乡规划的可诉性，但是缺乏操作的平台，最后仍旧不能进行有效司法救济，从而无法实现保障公众参与城乡规划有效性的终极目的。

笔者认为，公众参与城乡规划的权利救济主要体现为一种程序性权利，司法审查的内容也主要是程序性权利的实现与否。

这是因为：城乡规划领域之公众参与主要表现为一种程序性规则，判断公众参与城乡规划之有效性也是从程序角度进行的，如果法律设置了一系列规则保障公众参与权，同时规划行政主体一丝不苟地运用了这些公众参与规则，那么我们就可以认为公众参与城乡规划的效力存续，效果较好。

因此，由于《城乡规划法》规定规划行政主体满足公众参与权的途径主要表现为听证、公告等程序性义务，所以城乡规划公众参与权主要体现为程序性权利，如听证权、陈述权、申辩权等。"我国城市规划行政程序违法主要是指英国法上的程序越权，其中听取相对人意见和说明理由是通常被包括在其他法定行政程序之内的，比如听证程序。"[1] "作为社会公众利益参与程序的听证程序，在城市规划编制、规划处罚及规划许可中分别作为强制性程序和行政机关的裁量性程序而存在。"[2]

那么对这样的程序性权利，是否可以成为司法审查之对象呢？笔者认为，尽管单独程序性权利尚未成为独立行政诉讼审查的标的，但是行政相对人完全可以依据《行政诉讼法》第54条第2款之规定，以"违反法定程序"为由起诉规划行政行为，人民法院以规划行政行为为审查内容进行诉讼评判，当公众参与之程序未被履行时，以第54条第2款判定原告胜诉。从而实现对公众参与

---

[1] 梁国启：《我国城市规划法律制度研究——立足于私权保护与公权制约的视角》，吉林大学2008年博士学位论文，第72页。

[2] 梁国启：《我国城市规划法律制度研究——立足于私权保护与公权制约的视角》，吉林大学2008年博士学位论文，第72页。

程序性权利之救济。① 也就是说，当公众认为自己的参与权利受到规划机关的侵害时，暂不能直接对规划机关的程序性行为提起诉讼，而只能待规划机关作出具体行政行为以后，以程序违法为由对这个具体行政行为提起行政诉讼。

例如，《城乡规划法》第 26 条规定，所有层次城乡规划均在报送审批前予以公告，且公告时间不得少于 30 日。如果规划编制机关未按照法定要求进行公告程序，或公告期限不满，则详细性规划之利害关系人均可以直接起诉该规划行为，人民法院经审理再以"违反法定公告程序"为由作出撤销判决，或依据最高人民法院《关于执行〈中华人民共和国行政诉讼法〉若干问题的解释》第 57 条或第 58 条的规定作出确认判决。

当然，这里需要说明的是，《行政诉讼法》明确表述为"法定程序"，也就是说，法律明示性规定的程序，如果不是"法定程序"，而是一般性行政惯例程序，即使依照信赖保护原则应当遵守，但是也不属于《行政诉讼法》规定的司法审查内容。②

---

① 美国司法审查亦认为：法院经审查应强制执行没有法定理由拒绝的或者不合理迟延的机关行为，并认为出现具有如下所列的行政机关行为、裁定以及结论不合法的情形时，可以将之予以撤销……四是没有遵守法律规定的程序……参见王名扬：《美国行政法》（下），中国法制出版社 2009 年版，第 1109—1122 页。

② 有学者指出："由于我国的行政程序既存在法定程序也存在非法定程序，遗漏对非法定程序的法律评价，不利于维护当事人的合法权益，同时违反法定程序又可分为严重的程序违法和程序微小瑕疵，该两种情况对当事人权益之影响差异又比较大，按照同一个标准进行处理不合理，既可能会违背行政相对人的意愿不利于对其合法权利的保护，也会增加行政成本。因此，在我国城乡规划行政过程中，如何对程序违法进行司法裁处成为一个重大课题，需要建立严格可行的认定标准并革新司法救济方式。"参见梁国启：《我国城市规划法律制度研究——立足于私权保护与公权制约的视角》，吉林大学 2008 年博士学位论文，第 73 页。

（六） 审查标准确定——形式审查还是实质审查

"法律本来可有实质与形式两义。"[①] 司法审查范围即司法权与行政权之分野。既包括审查的内容，亦包括审查的程度。因此，最后我们要判断的问题是，城乡规划领域公众参与权的司法救济程序中，人民法院对于被诉的详细性规划公众参与程序行为之审查标准是什么？或者说审查程度的高低如何？如果奉行高标准审查，则要对其进行实质性审查，包括"合目的性"[②] 的审查判断，即该程序是否满足了原告公众参与的目的。如果奉行低标准审查，诚如德国公法学家奥托·巴霍夫所言："司法审查的标准来自赋予行政机关任务的法律，内容限于合法性审查，界限在于价值判断。"[③] 那么只要形式上审查规划行政机关是否履行了程序性义务即可。

例如，对于修建性详细规划的修改，《城乡规划法》第 50 条第 2 款规定"确需修改的，城乡规划主管部门应当采取听证会等形式，听取利害关系人的意见"，那么如果奉行高标准审查，则人民法院既要审查规划机关是否采取听证会的形式，还要审查听证会是否能够达到公众参与的要求和目的，如果奉行低标准审查，

---

① 王世杰、钱端升：《比较宪法》，商务印书馆 1999 年版，第 246 页。
② 按照解志勇教授的解释，合目的性审查具有广、狭二义，广义上的合目的审查包含了狭义的合法性审查和合理性审查的内容；而狭义的合目的性审查是与狭义的合法性审查和合理性审查相并列的审查方式，主要是"对行政行为是否符合行政法目的进行审查，作出裁判的审查形态。"参见解志勇：《论行政诉讼中的合目的性审查》，载《中国法学》2004 年第 3 期。转引自陈振宇：《城市规划中的公众参与程序研究》，法律出版社 2009 年版，第 106 页。
③ ［德］汉斯·J. 沃尔夫等：《行政法》，高家伟译，商务印书馆 2002 年版，第 358 页。

则只需要判断是否召开听证会即可。

笔者认为，城乡规划领域公众参与权之司法审查应当奉行低标准审查，即形式审查。这是因为，城乡规划中采用何种程序、何种方式才能更好地保护公众参与权的行使，本身是一个行政专业性问题，对此法律规范（《城乡规划法》）已经给出了最低限度的评判标准，[①] 司法审查按照法律规定的底线进行判断即可，没有必要且事实上也没有专业能力去判断"参与程序"的合目的性。"司法审查权仅能审查裁量行使的外部界限，以及有无违反法定程序……无法进行实质审查，来判断裁量权是否正确行使，而无滥用之虞。"[②] 因此，公众参与城乡规划的司法救济只进行"形式审查"即可。

当然，这里需要强调的是，即使某种参与程序没有法律规范层面的规定，但是如果存在行政惯例或行政承诺，那么依据"信赖保护原则"，也属于司法救济中人民法院形式审查之标准。

综上，公众参与权之救济不但重要而且必要。最后必须说明的是，城乡规划领域公众参与权之司法救济是一个非常庞杂且复杂的领域，绝不是本节区区几个问题可以涵盖的，如从原理权利性质来分析，"……与财产性权利相比较，由于这种利益更多地与城市公共问题相关联，因此，其在相当大程度上脱离了主观利益的范围。由此也决定了相应的保障制度难以简单地完全从行政诉讼

---

① 法律规范也只是给出了"底线"标准，即"能保护"，至于怎样才算是"更好的保护"，法律也没有回答。换言之，《城乡规划法》只规定了听证程序，但如何实施听证程序才能更好的实现公众参与权，并没有详细规定。

② 陈新民：《中国行政法学原理》，中国政法大学出版社 2002 年版，第315 页。

的实定法律制度中寻找到支持。"① 因此，我们出于司法救济是保障公众参与有效性的特殊手段的角度对其进行考察，只是研讨了大致的内容，后续部分仍将另文进行详细分析。

本章小结

公众参与是现代行政运作方式的重要组成部分，是顺应民主价值理念的公权力与私权利协调互动，其实施的必要性与重要性不言而喻。同样，在城乡规划行政领域，公众参与的基本原则早已确立，公众参与的大量运行早已成为事实，但是，公众参与城乡规划的关键还是看参与的质量，即是否产生了法定效力。这种效力由两个方面决定：一方面，是城乡规划行政主体的考量，经由公众的参与活动，规划主体对公众之意见主动予以采纳；另一方面，则是要看是否具备一套规则，通过规则的运行客观上保证了公众参与规划的效力，使得城乡规划更加符合大多数社会公众的意愿。

因此，城乡规划领域之公众参与的效力产生是衡量公众参与成功与否的重要标志，本章正是基于这样的考虑，将公众参与城乡规划有效性问题作一综合考察：首先，第一节提出考察的标准，指出判断城乡规划领域公众参与有效性的标准主要是应然状态之程序性标准；其次，第二节进行了提升城乡规划领域公众参与有效性的一般途径分析，从参与主体、参与方式可以进行一些有益的改进；最后，由于事后救济程序的完善对于保障事前参与活动的效力具有突出的功能，而救济程序中，最为有效且终局性的是

---

① 朱芒：《论我国目前公众参与的制度空间——以城乡规划听证会为对象的粗略分析》，载《中国法学》2004 年第 3 期，第 53 页。

司法救济。因此，第三节对城乡规划领域公众参与有效性提升的特殊手段进行了基本考量，包括人大参与城乡规划以及公众参与权之司法救济的相关问题，尤其是司法救济的内容，分别从主体法律缺失、城乡规划行为法律性质、受案范围内容研究、原告资格确定、审查内容、审查标准六个方面进行分析。以期能够转换思考角度，从事后的、间接的角度梗概地对公众参与权之效力提高做一探讨。

结　　论

　　"法律的任务在于根据利益的需要不断修正或发明新的工具，当权力的强制性已不能适应新的现实利益变化时，行政法就需要通过新的工具、手段来进行调节。"① 公众参与就是这样的一种模式。公众参与是现代国家行政程序理念和制度发展完善的重要标志之一，是现代国家实现民主的重要途径。确立公众参与的理念并在法律规范层面予以肯定和支持，才能够发挥其推进民主政治的功效。由于城市发展的不平衡，多元主体观念，利益的差异，高度的技术性与科学偏见，使得城乡规划领域的公众参与显得尤为珍贵。

　　在城乡规划行政活动过程中，通过允许、鼓励私权利一方（包括普通公众、专家和利害关系人）参与行政运行，提升规划行政活动的公开性、公正性，促使规划行政主体与社会大众的意愿协调和良性互动，使得规划方案最大化地贴近公众思维和意愿，这已经成为现代城乡规划行政的发展趋势和正当性标准之一。

　　因此，本文从行政法视野考察公众参与城乡规划的价值、规则、有效性等问题，希望能够对公众参与城乡规划的一般性内容和效力提升做一探究。应该说，公众参与城乡规划已经成为不言而喻的共识，我国《城乡规划法》以及相关法亦进行了相关规定，

---

　　① 张泽想：《论行政法的自由意志理念——法律下的行政自由裁量、参与及合意》，载《中国法学》2003 年第 2 期，第 175 页。

总体上中国城乡规划领域之公众参与是呈扩大化趋势的，但是，我们也注意到，由于主客观等多方面因素的合力影响，公众参与规划的实践尚存在诸多问题。从规范层面看，参与主体的狭窄、参与方式的不透明、回应机制的欠缺等，都使公众参与的实现举步维艰；从现实层面看，公众的冷漠、专家的科学偏见、参与的"过场化"等亦使公众参与形式意义大于实质意义。因此，笔者着力于探究提升公众参与城乡规划效力的途径，除了一般意义上的路径之外，加强人大之公众参与的有效性，以及公众参与权之司法救济也成为两条特殊路径，尤其是后者，尽管是一种事后的方式，但是对公众参与的信心提升以及权利保障的作用意义非凡。

当然，最后必须要强调的是，尽管笔者通篇都在肯定公众参与城乡规划的作用和效力，并为提升其有效性进行了专章分析，但不得不说的是，"与其他许多宪法权利一样，表达自由也存在着其自身内在的界限。"① 公众参与也是有一定限度的，笔者对参与程度的内容进行了论述，但是仍有探究的空间，笔者也将以此为基础做进一步后续探讨。

① 林来梵：《从宪法规范到规范宪法——规范宪法学的一种前言》，法律出版社 2001 年版，第 138 页。

参考文献

一、期刊论文

（一）中文论文

1. 蔡定剑：《公众参与与政府决策》，载《三月风》2011 年第 1 期。

2. 蔡定剑：《政改至少走三步：党内民主、公共预算、公众参与》，载《领导文萃》2010 年第 7 期。

3. 蔡定剑：《中国公众参与的问题与前景》，载《民主与科学》2010 年第 5 期。

4. 蔡定剑：《公众参与及其在中国的发展》，载《团结》2009 年第 4 期。

5. 王锡锌、章永乐：《我国行政决策模式之转型——从管理主义模式到参与式治理模式》，载《法商研究》2010 年第 5 期。

6. 王锡锌：《从"管理"走向"参与"的转变》，载《人民论坛》2009 年第 16 期。

7. 王锡锌：《公众参与：参与式民主的理论想象及制度实践》，载《政治与法律》2008 年第 6 期。

8. 王锡锌：《从国家动员到共同体参与》，载《中国新闻周刊》2008 年第 20 期。

9. 王锡锌：《公众参与、专业知识与政府绩效评估的模式——

探寻政府绩效评估模式的一个分析框架》，载《法制与社会发展》2008 年第 6 期。

10. 王锡锌：《参与失衡与管制俘获的解决：分散利益组织化》，载《广东行政学院学报》2008 年第 6 期。

11. 王锡锌：《公众参与和中国法治变革的动力模式》，载《法学家》2008 年第 6 期。

12. 王锡锌：《听证会：如何消除"作秀"嫌疑》，载《中国新闻周刊》2008 年第 4 期。

13. 王锡锌：《利益组织化、公众参与和个体权利保障》，载《东方法学》2008 年第 4 期。

14. 王锡锌：《听证会何以频繁遭遇公共信任危机》，载《党政干部文摘》2008 年第 3 期。

15. 王锡锌：《公共决策中的大众、专家与政府——以中国价格决策听证制度为个案的研究视角》，载《中外法学》2006 年第 4 期。

16. 王锡锌：《自由裁量与行政正义——阅读戴维斯〈自由裁量的正义〉》，载《中外法学》2002 年第 1 期。

17. 姜明安：《民主形式与公共治理》，载《湖南社会科学》2008 年第 1 期。

18. 姜明安：《公众参与与行政法治》，载《中国法学》2004 年第 2 期。

19. 姜明安：《信息化、全球化背景下的公众参与》，载《法商研究》2004 年第 3 期。

20. 姜明安：《行政诉讼中的检察监督与行政公益诉讼》，载《中国检察官》2006 年第 5 期。

21. 江必新、李春燕：《公众参与趋势对行政法和行政法学的挑战》，载《中国法学》2005 年第 6 期。

22. 杨建顺：《论城市创新中的市民参与》，载《法学杂志》2007 年第 3 期。

23. 杨建顺：《论行政评价机制与参与型行政》，载《北方法学》2007 年第 1 期。

24. 莫于川：《公众参与潮流与参与式行政法制模式》，载《国家检察官学院学报》2011 年第 4 期。

25. 莫于川：《社会应急能力建设与志愿服务法制发展——应急志愿服务是社会力量参与突发事件应对工作的重大课题》，载《四川行政学院学报》2010 年第 3 期。

26. 莫于川：《中国的地方行政立法后评估制度实践——从公众参与行政管理的视角》，载（韩）《地方自治法研究》2006 年 12 月。

27. 余凌云：《听证理论的本土化实践》，载《清华法学》2010 年第 1 期。

28. 何海波：《英国行政法上的听证》，载《中国法学》2006 年第 4 期。

29. 林鸿潮、栗燕杰：《行政规划中的公众参与程序：理想与误区——从汶川地震恢复重建规划说起》，载《理论与改革》2009 年第 1 期。

30. 叶必丰：《行政和解和调解：基于公众参与和诚实信用》，载《政治与法律》2008 年第 5 期。

31. 石佑启、陈咏梅：《论开放型决策模式下公众参与制度的完善》，载《江苏社会科学》2013 年第 1 期。

32. 王青斌：《论城市规划中公众参与有效性的提高》，载《政法论坛》2012 年第 4 期。

33. 谢立斌：《公众参与的宪法基础》，载《法学论坛》2011 年第 4 期。

34. 章志远：《价格听证困境的解决之道》，载《法商研究》2005 年第 2 期。

35. 解志勇：《论行政诉讼中的合目的性审查》，载《中国法学》2004 年第 3 期。

36. 朱芒：《论我国目前公众参与的制度空间——以城乡规划听证会为对象的粗略分析》，载《中国法学》2004 年第 3 期。

37. 刘宗德：《台湾环境影响评估制度之现状与发展》，载《月旦法学杂志》2013 年第 2 期。

38. 林依仁：《民主正当性成分与其程度》，载《政大法学评论》2012 年第 10 期。

39. 柳经纬：《当代中国法治进程中的公众参与》，载《华东政法大学学报》2012 年第 9 期。

40. 傅玲静：《德国法上民众参与环境影响评估之程序及其司法审查》，载《东吴法学论丛》2012 年第 7 期。

41. 月旦法学杂志编辑部：《都市更新及居住正义——从文林苑案谈起》，载《月旦法学杂志》2012 年第 7 期。

42. 徐明尧、陶德凯：《新时期公众参与城市规划编制的探索与思考——以南京市城市总体规划修编为例》，载《城市规划》2012 年第 2 期。

43. 许锋、刘涛：《加拿大公众参与规划及其启示》，载《国外城市规划》2012 年第 1 期。

44. 徐孟州：《论经济社会发展规划与规划法制建设》，载《法学家》2012 年第 4 期。

45. 王珍玲：《行政计划与民众参与——以最高行政法院 99 年度判字第 30 号为例》，载《法学新论》2012 年第 12 期。

46. 彭安丽：《从知识管理观点探讨台湾客家事务之治理》，载《政策研究学报》2010 年第 7 期。

47. 萧文生：《行政处分之变种与异形——拟制行政处分与形式行政处分》，载《台北大学法学论丛》2010 年第 3 期。

48. 程琥：《公众参与社会管理机制研究》，载《行政法学研究》2012 年第 1 期。

49. 姬亚平：《行政决策程序中的公众参与研究》，载《浙江学刊》2012 年第 3 期。

50. 张英民：《立法调整、执法改革抑或公众参与——突破摊贩管理暴力困境的核心思路辨析》，载《行政法学研究》2012 年第 2 期。

51. 龚志婧、王娟：《我国行政听证会中的公众参与文献综述》，载《现代商贸工业》2012 年第 16 期。

52. 胡童：《论利益保障视域下城市规划中的公众参与——基于德国双层可持续参与制度的启示》，载《研究生法学》2012 年第 2 期。

53. 兰燕卓：《决策与民意：城市规划变更中的公众参与》，载《经济社会体制比较》2012 年第 9 期。

54. 董江爱、陈晓燕：《公众参与公共决策的制度化路径分析》，载《领导科学》2012 年 10 月（上）。

55. 罗鹏飞：《关于城市规划公众参与的反思及机制构建》，载《城市问题》2012 年第 6 期。

56. 罗鹏飞：《公众参与新时期城市规划编制的机制探索》，载《浙江建筑》2012 年第 1 期。

57. 应巧艳、王波：《城乡规划中公众参与有效性研究》，载《广西社会科学》2011 年第 1 期。

58. 徐丹：《利益多元化与城乡规划中的公众参与》，载《绵阳师范学院学报》2011 年第 3 期。

59. 徐丹：《城市规划中的公众参与程序——理想与困境》，载

《湖州师范学院学报》2010 年第 6 期。

60. 肖世杰：《通过参与的纠纷消解——作为行政纠纷消解创新机制的公众参与》，载《现代法学》2010 年第 5 期。

61. 漆国生：《公共服务中的公众参与能力探析》，载《中国行政管理》2010 年第 3 期。

62. 马小娟：《西方公共行政理论演进中的公民参与观检视》，载《广东行政学院学报》2010 年第 2 期。

63. 王士如、郭倩：《城市拆迁中公众参与机制的功能与立法建议——对"新〈条例〉"制定困境的思考》，载《行政法学研究》2010 年第 2 期。

64. 丁玲：《我国行政立法公众参与的弊端及完善》，载《法制与社会》2010 年第 1 期。

65. 袁韶华、雷灵琰、翟鸣元：《城市规划中公众参与理论的文献综述》，载《经济师》2010 年第 3 期。

66. 尹建国：《论"理想言谈情境"下的行政参与制度》，载《法律科学》2010 年第 1 期。

67. 孙兵：《公众参与：服务行政的合法证成与动力供给》，载《河北法学》2010 年第 7 期。

68. 何军：《公众参与：利益表达与利益整合的视角——基于北京市酒仙桥"投票拆迁"的分析》，载《北京行政学院学报》2010 年第 6 期。

69. 黎晓武：《论政府价格决策过程中公众参与的价值基础》，载《求索》2010 年第 6 期。

70. 孙施文、朱婷文：《推进公众参与城市规划的制度建设》，载《现代城市研究》2010 年第 5 期。

71. 孙施文、殷悦：《基于〈城乡规划法〉的公众参与制度》，载《规划师》2008 年第 5 期。

72. 孙施文:《城市规划不能承受之重——城市规划的价值观之辩》,载《城市规划学刊》2006 年第 1 期。

73. 董秋红:《行政规划中的公众参与:以城乡规划为例》,载《中南大学学报(社会科学版)》2009 年第 2 期。

74. 朱德米:《回顾公民参与研究》,载《同济大学学报(社会科学版)》2009 年第 6 期。

75. 胡峻:《行政立法后评估中的公众参与》,载《云南行政学院学报》2009 年第 5 期。

76. 顾训宝:《十年来我国公民参与现状研究综述》,载《北京行政学院学报》2009 年第 4 期。

77. 刘淑妍:《当前我国城市管理中公众参与的路径探索》,载《同济大学学报(社会科学版)》2009 年第 3 期。

78. 黄凤兰:《公众行政参与的法律应对及完善》,载《行政法学研究》2009 年第 2 期。

79. 宋彪:《公众参与与预算制度研究》,载《法学家》2009 年第 2 期。

80. 杨光斌:《公众参与和当下中国的治道变革》,载《社会科学研究》2009 年第 1 期。

81. 邢海峰:《公众参与城市规划的现状及其制度化》,载《团结》2009 年第 4 期。

82. 褚松燕:《我国公民参与的制度环境分析》,载《上海行政学院学报》2009 年第 1 期。

83. 臧荣华、吴义泰:《论公众参与行政的正当性》,载《求实》2008 年第 9 期。

84. 李卫华:《公民法律文化与公民参与行政》,载《求实》2008 年第 4 期。

85. 马英娟:《行政决策中公众参与机制的设计》,载《中国法学会行政法学研究会 2008 年年会论文集》。

86. 陈振宇：《不确定法律概念与司法审查》，载《云南大学学报（法学版）》2008 年第 4 期。

87. 梁川、仆顺景：《"参与式政府"的构筑——韩国卢武铉政府行政改革综述》，载《东北亚论坛》2008 年第 5 期。

88. 郝娟：《提高公众参与能力—推进公众参与城市规划进程》，载《城市发展研究》2008 年第 1 期。

89. 郝娟：《解析我国推进公众参与城市规划的障碍和成因》，载《城市发展研究》2007 年第 5 期。

90. 冯英、张慧秋：《中国行政立法公众参与制度研究》，载《首都师范大学学报（社会科学版）》2008 年第 4 期。

91. 王巍云：《〈城乡规划法〉中公众参与制度的探讨》，载《法制与社会》2008 年第 1 期。

92. 孙亚楠、吴志强、史炯：《〈城乡规划法〉框架下中国城市规划公众参与方式选择》，载《规划师》2008 年第 8 期。

93. 迟旭辉：《城市规划公众参与探讨》，载《科技创新导报》2008 年第 3 期。

94. 李卫华：《非政府组织参与对行政管理体制的影响》，载《理论探讨》2008 年第 2 期。

95. 王华春、段艳红、赵春学：《国外公众参与城市规划的经验与启示》，载《北京邮电大学学报（社会科学版）》2008 年第 4 期。

96. 徐键：《城市规划中公共利益的内涵界定——一个城市规划案引出的思考》，载《行政法学研究》2007 年第 1 期。

97. 刘小妹：《公众参与行政立法的理论思考》，载《行政法学研究》2007 年第 2 期。

98. 徐文星：《行政法背景下的公众参与：公众参与机制的再

评价》，载《上海行政学院学报》2007年第1期。

99. 郭红莲、王玉华、侯云先：《城市规划公众参与系统结构及运行机制》，载《城市问题》2007年第10期。

100. 邓红阳：《河南4律师质疑龙门票价听证会合法性》，载《法制日报》2007年4月26日。

101. 宫勇、蒲小琼、张翔：《提高城市规划中的公众参与程度——论虚拟现实技术在城市规划中的应用》，载《中外建筑》2007年第1期。

102. 郭建、孙惠莲：《公众参与城市规划的伦理意蕴》，载《城市规划》2007年第7期。

103. 郭建、孙慧莲：《城市规划中公众参与的法学思考》，载《规划师》2004年第1期。

104. 徐建：《城市规划中公共利益的内涵界定》，载《行政法学研究》2007年第1期。

105. 冯晓川、刘洋：《论城市规划中的公众参与》，载《河北工程大学学报（社会工程版）》2007年第3期。

106. 胡锦光：《论对行政规划行为的法律控制》，载《郑州大学学报（哲学社会科学版）》2006年第1期。

107. 白铧：《城市规划过程中利益主体多元化与公共利益的界定》，载《法治论丛》2006年第1期。

108. 成媛媛：《德国城市规划体系及规划中的公众参与》，载《江苏城市规划》2006年第8期。

109. 程天云：《美国公众参与城市规划的特点及启示》，载《今日浙江》2006年第22期。

110. 胡敏洁：《论行政相对人程序性权利》，载浙江大学公法与比较法研究所编：《公法研究》（第3辑），商务印书馆2005年版。

111. 周江评、孙明洁：《城市规划、发展决策中的公众参与——西方有关文献及启示》，载《国外城市规划》2005年第4期。

112. 纪锋：《公众参与城市规划的探索——以泉州市为例》，载《规划师》2005年第11期。

113. 陈锦富、刘佳宁：《城市规划行政救济制度探讨》，载《城市规划》2005年第10期。

114. 吴人韦、杨继梅：《公众参与规划的行为选择及其影响因素——对圆明园湖底铺膜事件的反思》，载《规划师》2005年第11期。

115. 程蓉、顾军：《上海：公众参与闵行区龙柏社区控制性详细规划编制实例》，载《北京规划建设》2005年第6期。

116. 崔卓兰、闫立彬：《论民主与效率的协调兼顾——现代行政程序的双重价值辨析》，载《中国行政管理》2005年第9期。

117. 殷成志：《德国城市建设中的公众参与》，载《城市问题》2005年第4期。

118. 殷成志：《德国建造规划评析》，载《城市问题》2004年第4期。

119. 田莉：《美国公众参与城市规划对我国的启示》，载《城市管理》2005年第2期。

120. 田莉：《国外城市规划管理中"公众参与"的经验与启示》，载《江西行政学院学报》2001年第1期。

121. 洪文迁：《公众参与城市规划初探——旧城更新中的居民参与》，载《福建建筑》2004年第1期。

122. 高毅存：《英国早期的城市规划法与民主参与》，载《北京规划建设》2004年第5期。

123. 冯俊：《城市规划中的公权与私权》，载《法制日报》2004年2月5日第3版。

124. 张泽想：《论行政法的自由意志理念——法律下的行政自由裁量、参与及合意》，载《中国法学》2003 年第 2 期。

125. 陈美云：《城市规划与公众参与》，载《中外房地产导报》2003 年第 17 期。

126. 陈志诚、曹荣林、朱兴平：《国外城市规划公众参与及借鉴》，载《城市问题》2003 年第 5 期。

127. 张维迎：《经济学家看法律、文化与历史》，载《中外管理导报》2001 年第 3 期。

128. 吴茜、韩忠勇：《国外城市规划管理中"公众参与"的经验与启示》，载《江西行政学院学报》2001 年第 1 期。

129. 陈尚超：《城市仿真——一种交互式规划和公众参与的创新工具》，载《城市规划》2001 年第 8 期。

130. 方洁：《参与行政的意义——对行政程序内核的法理解析》，载《行政法学研究》2001 年第 1 期。

131. 陈瑞华：《程序正义的理论基础——评马修的"尊严价值理论"》，载《中国法学》2000 年第 3 期。

132. 陈锦富：《论公众参与的城市规划制度》，载《城市规划》2000 年第 7 期。

133. 陈有川、朱京海：《我国城市规划中公众参与的特点与对策》，载《规划师》2000 年第 4 期。

134. 戴月：《关于公众参与的话题：实践与思考》，载《城市规划》2000 年第 7 期。

135. 郭力君：《公众参与是制定和实施城市规划的重要途径》，载《北京规划建设》1996 年第 5 期。

136. 郭日君：《论程序权利》，载《郑州大学学报（社会科学版）》2000 年第 6 期。

137. 何丹、赵民：《论城市规划中公众参与的政治经济基础及制度安排》，载《城市规划汇刊》1999 年第 5 期。

138. 梁鹤年：《公众（市民参与）：北美的经验与教训》，载《城市规划》1999 年第 5 期。

139. ［美］大卫·马门：《规划与公众参与》，载《国外城市规划》1995 年第 1 期。

140. 郭彦弘：《从花园城市到社区发展——现代城市规划的趋势》，载《建筑师》1981 年第 7 期。

141. ［日］佐藤岩夫：《德国城市的"法化"和居民的自律——现代法化现象的一个断面》，载《社会科学研究》（第 45 卷）1994 年第 4 期。

142. 蔡志宏：《论都市计划之法律性质》，台北东吴大学法律研究所 1994 年硕士学位论文。

（二）外文论文

1. Arnstein, S. R., A Ladder of Citizen Participation, Journal of American Institute of Planners, Vol. 35, No. 4 (1969).

2. Camacho, A. E., Mustering the Missing Voices: A Collaborative Model for Fostering Equality, Community Involvement and Adaptive Planning in Land Use Decisions, Installment One, Stanford Environmental Law Journal, Vol. 24, No. 1 (2005).

3. Checkoway, B., Paul Davidoff and Advocacy Planning in Retrospect, Journal of American Institute of Planners, Vol. 60, No. 2 (1994).

4. Davidoff, P. &Reiner, T. A., A Choice Theory of Planning, Journal of American Institute of Planners, Vol. 28, No. 2 (1962).

5. Davidoff, P., Advocacy and Pluralism in Planning, Journal of American Institute of Planners, Vol. 31, No. 4 (1965).

6. Developments in the Law – Zoning, Harvard Law Review, Vol. 91, No. 7 (1978).

7. Glass, J. J., Citizen Participation in Planning: The Relationship between Objectives and Techniques, Journal of American Institute of Planners, Vol. 45, No. 2 (1979).

二、著作

（一）城市规划

1. 孙施文:《现代城市规划理论》,中国建筑工业出版社 2007 年版。

2. 谭纵波:《城市规划》,清华大学出版社 2005 年版。

3. 李德华:《城市规划原理》（第 3 版）,中国建筑工业出版社 2007 年版。

4. ［美］R. E. 帕克:《城市社会学》,宋俊岭等译,华厦出版社 1987 年版。

5. ［法］米歇尔·米绍等主编:《法国城市规划 40 年》,社会科学文献出版社 2007 年版。

6. 秦红岭:《城市规划———一种伦理学批判》,中国建筑工业出版社 2010 年版。

7. 耿慧志:《城乡规划法规概论》,同济大学出版社 2008 年版。

8. 同济大学建筑规划学院编:《城市规划资料集》,中国建筑工业出版社 2003 年版。

（二）法学

1. ［法］亨利·莱维·布律尔:《法律社会学》,许钧译,上海人民出版社 1987 年版。

2.〔德〕K. 茨威格特、H. 克茨：《比较法总论》，潘汉典等译，法律出版社 2003 年版。

3.〔英〕洛克：《政府论》，商务印书馆 1964 年版。

4.〔法〕孟德斯鸠：《论法的精神》，商务印书馆 1997 年版。

5.〔美〕丹宁勋爵：《法律的正当程序》，李克强等译，法律出版社 1999 年版。

6.〔美〕史蒂文·J. 伯顿：《法律和法律推理导论》，张志铭、解兴权译，中国政法大学出版社 1998 年版。

7.〔美〕埃德加·博登海默：《法理学——法哲学及其方法》，邓正来译，华夏出版社 1987 年版。

8.〔美〕约翰·罗尔斯：《正义论》，何怀宏、何包钢、廖申白译，中国社会科学出版社 1988 年版。

9.〔美〕伯纳德·施瓦茨：《美国法律史》，王军译，中国政法大学出版社 1990 年版。

10.〔英〕彼得·斯坦：《西方社会的法律价值》，王献平译，中国人民公安大学出版社 1990 年版。

11.〔美〕马克斯·韦伯：《经济、社会与宗教——马克斯·韦伯文选》，郑乐平编译，上海社会科学院出版社 1997 年版。

12.〔英〕约翰·密尔：《论自由》，程崇华译，商务印书馆 1996 年版。

13.〔英〕霍布斯：《论公民》，应星、冯克利译，贵州人民出版社 2003 年版。

14.〔法〕卢梭：《社会契约论》，何兆武译，商务印书馆 1982 年版。

15.〔美〕埃尔曼：《比较法律文化》，贺卫方等译，三联书店 1990 年版。

16. ［德］哈耶克：《通往奴役之路》，王明毅等译，中国社会科学出版社 1997 年版。

17. ［日］谷口安平：《程序的正义与诉讼》，王亚新、刘荣军译，中国政法大学出版社 1996 年版。

18. ［美］本杰明·卡多佐：《司法过程的性质》，苏力译，商务印书馆 1998 年版。

19. ［美］T. 巴顿·卡特：《大众传播法》（第 5 版），法律出版社 2004 年版。

20. ［美］哈罗德·J. 伯尔曼：《法律与宗教》，梁治平译，三联书店 1991 年版。

21. ［美］罗伯特·默顿：《社会研究与社会政策》，林聚任译，上海三联出版社 2001 年版。

22. ［德］卡尔·拉伦茨：《法学方法论》，陈爱娥译，商务印书馆 2005 年版。

23. 许宗力：《法与国家权力》，月旦出版社 1993 年版。

24. 王世杰、钱端升：《比较宪法》，中国政法大学出版社 1997 年版。

25. 黄宗智：《经验与理论——中国社会、经济与法律的实践历史研究》，中国人民大学出版社 2007 年版。

26. 徐昕：《论私力救济》，中国政法大学出版社 2005 年版。

（三）行政法学

1. ［美］卡罗尔·哈洛、理查德·罗林斯：《法律与行政》，商务印书馆 2004 年版。

2. ［美］理查德·B. 斯图尔特：《美国行政法的重构》，沈岿译，商务印书馆 2003 年版。

3. ［英］威廉·韦德：《行政法》，徐炳译，中国大百科全书出版社 1997 年版。

4. ［美］詹姆斯·菲斯勒、唐纳德·凯特尔：《行政过程的政治：公共行政学新论》，陈振民等译，中国人民大学出版社 2002 年版。

5. ［日］广田隆、田中馆照橘：《行政法学的基础知识》，有斐阁 1983 年版。

6. ［日］大兵啓吉：《行政法问题集》，成文堂 1990 年版。

7. ［德］哈特穆特·毛雷尔：《行政法学总论》，高家伟译，法律出版社 2000 年版。

8. ［美］伯纳德·施瓦茨：《行政法》，徐炳译，群众出版社 1986 年版。

9. ［德］汉斯·J. 沃尔夫等：《行政法》，高家伟译，商务印书馆 2002 年版。

10. ［德］奥托·迈耶：《德国行政法》，刘飞译，商务印书馆 2002 年版。

11. ［德］平纳特：《德国普通行政法》，朱林译，中国人民大学出版社 1998 年版。

12. ［英］马丁·洛克林：《公法与政治理论》，郑戈译，商务印书馆 2003 年版。

13. ［德］弗里德赫尔穆·胡芬：《行政诉讼法》，莫光华译，法律出版社 2003 年版。

14. ［日］盐野宏：《行政法》，杨建顺译，法律出版社 1999 年版。

15. ［法］狄骥：《公法的变迁》，冷静译，辽海出版社 1999 年版。

16. ［美］盖尔霍恩、罗纳德·M. 利文：《行政法和行政程序概要》，黄列译，中国社会科学出版社 1996 年版。

17. ［美］奥斯特罗姆：《美国公共行政的思想危机》，三联书店 2000 年版。

18. ［美］古德诺：《比较行政法》，白作霖译，中国政法大学出版社 2006 年版。

19. 龚祥瑞：《比较宪法与行政法》，法律出版社 2003 年版。

20. 王名扬：《英国行政法》，中国政法大学出版社 1989 年版。

21. 王名扬：《美国行政法》，中国法制出版社 1995 年版。

22. 王名扬：《法国行政法》，中国政法大学出版社 1997 年版。

23. 应松年、薛刚凌：《行政组织法研究》，法律出版社 2002 年版。

24. 应松年主编：《行政程序法立法研究》，中国法制出版社 2001 年版。

25. 应松年主编：《当代中国行政法》，中国方正出版社 2005 年版。

26. 罗豪才主编：《现代行政法制的发展趋势》，法律出版社 2004 年版。

27. 姜明安主编：《行政法与行政诉讼法》，北京大学出版社、高等教育出版社 1999 年版。

28. 马怀德主编：《行政诉讼原理》，法律出版社 2003 年版。

29. 薛刚凌：《行政诉权研究》，华文出版社 1999 年版。

30. 刘善春：《行政诉讼价值论》，法律出版社 1999 年版。

31. 刘莘：《行政法热点问题》，中国方正出版社 2001 年版。

32. 刘莘：《行政立法研究》，中国政法大学出版社 2003 年版。

33. 朱维究、王成栋主编：《一般行政法原理》，高等教育出版社 2005 年版。

34. 王万华：《行政程序法研究》，中国法制出版社 2000 年版。

35. 刘飞主编：《城市规划行政法》，北京大学出版社 2007

年版。

36. 张树义：《中国社会结构变迁的法学透视》，中国政法大学出版社 2002 年版。

37. 杨建顺：《日本行政法通论》，中国法制出版社 1998 年版。

38. 章剑生：《行政程序法比较研究》，杭州大学出版社 1997年版。

39. 陈庆云：《公共政策分析》，北京大学出版社 2011 年版。

40. 耿毓修、黄均德主编：《城市规划行政与法制》，上海科学技术文献出版社 2002 年版。

41. 翁岳生主编：《行政法》（上、下），中国法制出版社 2002年版。

42. 吴庚：《行政法之理论与实用》，三民书局 2000 年版。

43. 许宗力：《宪法与法治国行政》，元照出版公司 1999 年版。

44. 城仲模主编：《行政法之一般法律原则》，三民书局 1994年版。

45. 陈新民：《中国行政法学原理》，中国政法大学出版社 2002 年版。

46. 陈新民：《法治国公法学原理与实践》，中国政法大学出版社 2007 年版。

47. Alder, John, General Principles of Constitutional and Administrative Law, Palgrave Macmillan, 2002.

48. Peter Cane, Administrative Law, Oxford University Press, 2004.

49. Robert Thomas, Legitimate Expectations and Proportionality in Administrative Law, Hart Publishing, 2000.

（四）公众参与

1. ［美］卡罗尔·佩特曼：《参与和民主理论》，陈尧译，上海人民出版社 2006 年版。

2. ［德］特劳普·梅茨：《地方决策中的公众参与：中国与德国》，刘平译，上海科学院出版社 2009 年版。

3. ［德］康何锐：《市场与国家之间的发展政策：公民社会组织的可能性与界限》，隋学礼译，中国人民大学出版社 2009 年版。

4. ［美］约翰·克莱顿·托马斯：《公共决策中的公民参与》，孙柏瑛等译，中国人民大学出版社 2010 年版。

5. 王锡锌主编：《行政过程中公众参与的制度实践》，中国法制出版社 2008 年版。

6. 王锡锌：《公众参与和中国新公共运动的兴起》，中国法制出版社 2008 年版。

7. 王锡锌：《公众参与和行政过程 —— 一个理念和制度分析的框架》，中国民主法制出版社 2007 年版。

8. 蔡定剑主编：《公众参与：风险社会的制度建设》，法律出版社 2009 年版。

9. 蔡定剑：《公众参与——欧洲的制度和经验》，法律出版社 2009 年版。

10. 蔡定剑：《国外公众参与立法》，法律出版社 2005 年版。

11. 王周户：《公众参与的理论与实践》，法律出版社 2011 年版。

12. 王春雷：《基于有效管理模型的重大活动公众参与研究》，同济大学出版社 2010 年版。

13. 陈振宇：《城市规划中的公众参与研究》，法律出版社 2009 年版。

14. 李林：《立法过程中的公共参与》，中国科学出版社 2009 年版。

15. 李金河、徐锋：《当代中国公众政治参与和决策科学化》，人民出版社 2009 年版。

16. 石路：《政府公共决策与公民参与》，社会科学文献出版社 2009 年版。

17. 余逊达、赵永茂：《参与式地方治理研究》，浙江大学出版社 2009 年版。

18. 莫吉武、杨长明、蒋余浩：《协商民主与有序参与》，中国社会科学出版社 2009 年版。

19. 吴浩：《国外行政立法的公众参与制度》，中国法制出版社 2008 年版。

20. 李楣：《听证：中国转型中的制度建设和公众参与——立法建议、实践指南、案例》，知识产权出版社 2008 年版。

21. 王凤：《公众参与环保行为机理研究》，中国环境科学出版社 2008 年版。

22. 褚松燕：《权利发展与公民参与——我国公民资格权利发展与有序参与研究》，中国法制出版社 2007 年版。

23. 陈里程：《广州公众参与与行政立法实践探索》，中国法制出版社 2006 年版。

24. 王振海：《公众政治论》，山东大学出版社 2005 年版。

25. 李国强：《现代公共行政中的公民参与》，经济管理出版社 2004 年版。

26. 刘淑研：《公众参与导向的城市治理》，同济大学出版社 2010 年版。

（五）外文著作

1. Department of Commerce, A Standard City Planning Enabling Act, Government Printing Office (1928).

2. Department of Commerce, A Standard State Zoning Enabling

Act, Government Printing Office（1926）.

3. Ellickson, R. C. &Been, V. L. , Land Use Controls: Cases and Materials, Aspen Law&Business（2000）.

4. Mashaw, J. L. , Due Process in the Administrative State, Yale University Press（1985）.

5. Ministry of Housing and Local Government, People and Planning（Skeffington Report）, Her Majestry's office（1969）.

6. Platt, R. H. , Land Use and Society: Geography Law and Public Policy, Island Press（2004）.

7. Salkin, P. E. , Anderson's American Law of Zoning, Thomson - West（2008）.

8. Taylor, N. , Urban Planning Theory Since 1945, Sage Publication（1998）.

9. Word Bank, The World Bank and Participation, World Bank（1994）.

后　　记

这本书是在我的博士论文基础上经反复斟酌修改完成的，如今终于要出版面世了。在这个也许应该高兴的时刻，我的内心更多的却是不安与忐忑。

写作的过程是艰辛的，奔波的，其中细节无需一一言表。杨小军老师多年前就对我说过："做学问就是要做苦学问！"尽管囿于自身学识所限，不能说本书的学术水平达到什么高度，但是老师的这句话我从来铭记于心，因此本书从资料搜集、写作构思、运笔行文，我丝毫不敢马虎，力求在自身的能力范围内做到最好。也希望通过这样的方式，给自己近期的学术工作一个交代。

诚如刘莘老师所言"这本书是我的另一个孩子！"如今，大家即将见到这个孩子了，恳请大家关心这个孩子的点滴成长，多多批评指正！

本书的写作和出版得到了诸多帮助和支持，"大恩不言谢"，但我还是想表达我的感激之情。我要感谢我的博士生导师——中国政法大学刘莘教授，硕士生导师——国家行政学院杨小军教授，两位导师不但认真研读本书并提出许多中肯的修改意见，同时在酷暑中为本书作序，您们对本书的评价让我汗颜，也是我今后继续努力的动力；我要感谢中国政法大学应松年教授、马怀德教授、薛刚凌教授等导师，您们对本书的选题、写作思路、写作导向等进行了悉心指导，使本书的写作获益良多；我要感谢我可爱的中国政法大学 2010 级宪法、行政法专业的博士生伙伴们，在你们身上，我感受到了青春的美好和力量，这种青春滋养帮助我突破了写作的瓶颈；我还要感谢中国检察出版社的领导和责任编辑，他们对本书的问世给予了许多关心和帮助，在此道声"辛苦了"！

最后，我要特别感谢我最爱的宝贝——俞辰骏小朋友，是你让我深切感受到了为人母的幸福与快乐，艰辛与不易。我要深深感谢我的先生——俞启泳检察官，是你的包容和付出，让我能够专心于本书的写作和修改。

岁月如歌，晓月河畔，杨柳青青。一切的感激，放在心头！

裴　娜

2013 仲夏于京西依翠园